中的級數與數列
之均衡與最佳

林士傑／著

序

　　文中闡述以既有理論和創意思維所建立的公式，透過某些安排而得以巧妙應用，進而為圓周率的發展帶來新氣象。針對前人著墨不多或不曾提及的原創部分，竭盡所能的加以探討，力求有一番令人滿意的成果。讀者只須具備高中數學的知識，加上對數學有著一定程度的熱忱，便能輕鬆融入，用心多看幾次，也能理解其中。

　　舉凡前兩章所強調關於公式的幾何推演，接著第三章對於公式的適切應用，以及最後在尺規的理念作圖等方面，都有所創新和建樹；讀者在這多元而豐富的內容中，不難獲取喜歡的部分，甚至還能依此基礎示範，進一步塑造某些有潛力的發展！

　　在此，謹以一首七言詩，表達筆者於創作過程中，向牛頓、歐拉、阿基米德和高斯等數學家前輩於章節中帶來的主力影響致敬。

傑π

新開展廣不忘深

尤來優博古今震

德啟靈鑰堪回首

高發現出千年門

林士傑　108.8.25　於桃園大園

目錄

前言

　　圓周率（π；pi；發音拍），既是無理數，又是超越數，故在小數點後作無限不循環的呈現。任意一圓的內接或外切正多邊形，以任意邊數為起始，趨近該圓的面積或周長，即所謂「正形圓（圓正形）」。

　　公元前三世紀古希臘數學家阿基米德(Archimedes)因堅信「圓，即窮盡邊數之正多邊形」而創立割圓術，並推得半徑為 r 的圓面積公式為 πr^2。十七世紀英國數學家牛頓(Newton)創立二項式定理，是將過往所認知的有限項推廣至無止境的展開。

　　因這般「無窮盡」而形成通則，突顯 pi 在表達形式上是多元的，就好比級數、數列方面，皆是以鮮少有人提及的「遞減(descending)」作為探討主軸。因此，過程中勢必加以揀選，去蕪存菁，好讓讀者看到最精采的圓周率之詮釋。

　　反三角函數的公式推演，即為正形圓所強調的「特殊式」—在無窮級數中，以單位圓(r = 1)的內接或外切正 n 邊形為首項，項數增加，面積(π)或周長(2π)的精確度跟著提升—也就是從正多邊形逐步演變到圓（邊愈多愈像圓）的歷程。

　　本文所呈現的，便是以前人的成果為基礎，融入自我的理念於其中。為了宣揚理念而開發新工具，用以闡述新事物所帶來的圓周率現象。當然，先講解理論，再拿來應用，進而證實這些方法足以（有效且有效率的）表達圓周率。

表 0 級數、數列的特質和交集

圓周率					
級數				數列	
角度調和（一般式） 直角三角形 $a^2 + b^2 = c^2$					
外外	內內	內外調和			外外
外外	UNUUAT	對偶調和（特殊式） 正 n 邊形		猜想	有限
	NAS	$NUAT_n$	YFM	YGM	PPM
	UNU_n		pf(a, b)		
梅欽型					
U; NU					
小數精確，多			分數位數，少		
調和均衡（均勻趨近、臨界點平衡），收斂最佳					

第一章 π的級數公式

正形圓：以正 n 邊形爲起始，趨近半徑爲 r 的圓(n ≥ 3 ∈ N; r > 0 ∈ R)。

理念簡單判別：左式（弧度比，如 π/n）＝右式（弧度值，如 $\sin(\pi/n)$）。以解析幾何爲基礎，生成反三角函數—if y = tan(x), then x = arctan(y)—並造就 π 的無窮級數，進而探討其特殊式與一般式。特殊式取決於邊數 n，一般式取決於自變數 x。習慣上，n 爲自然數，k 爲非負整數，h 爲整數。

第一節 反正弦函數（直接幾何）

十七世紀英國數學家牛頓(Newton)整合前人經驗開發「二項式定理」，進而發明「廣義二項式定理」以及「微積分基本定理」，致使反正弦展開式（之後稱牛頓公式 N）得以遂行，而 π 單項($\sum$; sigma)中的最佳收斂(N_{12})才得以問世！

1. 圓內接牛頓公式(N)

在直角座標中，若以原點 O(0,0)爲圓心，則圓的方程式爲 $x^2 + y^2 = r^2$。根據牛頓的觀點，是以特別角—$\sin 30° = \sin(\pi/6) = 1/2$—來探討 π 的個案。倒不是因爲他的夾角最小；90 度雖然也是有理數，但已無扇形、區間之分，故不取。

圖 1-1 反正弦幾何分析

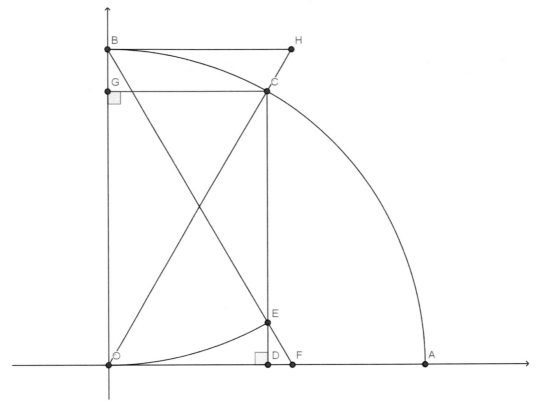

表 1-1-1 推演 N 特殊式

圓心 O、半徑 r 的圓之方程式爲 $y = \sqrt{r^2 - x^2}$
$\angle COB = 30°$；過 C 作 y 軸的垂足 G，$\therefore \overline{GC} = \overline{OD}$
若 D$(x, 0)$且 C$\left(x, \sqrt{r^2 - x^2}\right)$，則扇形$OCB = $區間$ODCB - \triangle ODC$
以反正弦函數的概念，表達等式中 r, x 間的關聯 $\dfrac{r^2 arcsin\frac{x}{r}}{2} = \displaystyle\int_0^x \sqrt{r^2 - x^2}\, dx - \dfrac{x\sqrt{r^2 - x^2}}{2}$ (1)
以廣義二項式定理，處理開平方根的情形

$$\sqrt{r^2 - x^2} = \left(r^2 + (-x^2)\right)^{\frac{1}{2}}$$

$$= C_0^{\frac{1}{2}}(r^2)^{\frac{1}{2}}(-x^2)^0 + C_1^{\frac{1}{2}}(r^2)^{\frac{-1}{2}}(-x^2)^1 + C_2^{\frac{1}{2}}(r^2)^{\frac{-3}{2}}(-x^2)^2 + C_3^{\frac{1}{2}}(r^2)^{\frac{-5}{2}}(-x^2)^3 + \cdots$$

$$= \frac{r \cdot 1}{0!} + \frac{\frac{1}{2} \cdot r^{-1}(-x^2)}{1!} + \frac{\frac{1}{2}(\frac{1}{2}-1)r^{-3}x^4}{2!} + \frac{\frac{1}{2}(\frac{1}{2}-1)(\frac{1}{2}-2)r^{-5}(-x^6)}{3!} + \cdots$$

$$= r - \frac{x^2}{2r} - \frac{x^4}{8r^3} - \frac{x^6}{16r^5} - \cdots \qquad (2)$$

$$\therefore x\sqrt{r^2-x^2} = rx - \frac{x^3}{2r} - \frac{x^5}{8r^3} - \frac{x^7}{16r^5} - \cdots \qquad (3)$$

接著，對(2)式逐項積分

$$\int_0^x \sqrt{r^2-x^2}\,dx = rx - \frac{x^3}{3 \cdot 2r} - \frac{x^5}{5 \cdot 8r^3} - \frac{x^7}{7 \cdot 16r^5} - \cdots \qquad (4)$$

(3), (4)代入(1)，並從 △OCG 來看待

$r^2 arcsin\frac{x}{r}$	$= rx + \dfrac{x^3}{3 \cdot 2r} + \dfrac{3x^5}{5 \cdot 8r^3} + \dfrac{5x^7}{7 \cdot 16r^5} + \cdots$
$\therefore arcsin\dfrac{x}{r}$	$= \dfrac{x}{r} + \dfrac{x^3}{3 \cdot 2r^3} + \dfrac{3x^5}{5 \cdot 8r^5} + \dfrac{5x^7}{7 \cdot 16r^7} + \cdots = \displaystyle\sum_{k=0}^{\infty} \dfrac{(2k)!\left(\frac{x}{r}\right)^{2k+1}}{(2^k k!)^2(2k+1)}$
$\dfrac{2\pi}{n}$ $= N_n$	$= \displaystyle\sum_{k=0}^{\infty} \dfrac{(2k)!\left(sin\frac{2\pi}{n}\right)^{2k+1}}{(2^k k!)^2(2k+1)} ; \ n \geq 3$

依特殊式，推演一般式

令 $r = 1$，所以 $y = \sqrt{1-x^2}$

$N(x)$	$= \displaystyle\sum_{k=0}^{\infty} \dfrac{(2k)! \, x^{2k+1}}{(2^k k!)^2(2k+1)} ; \ -1 \leq x \leq 1$

　　對於公式的推演，在手段上往往是取巧的，也就是從「最單純（如盡可能避開根號所帶來的困擾，取有理數，且整數尤佳）」的部分切入，幫助理解；否則，從具體邁入抽象的道路，勢將顯得更加艱辛。

2. 圓外切公式(AS)

依 據 正 形 圓 ， 以 上 述 的 幾 何 分 析 為 基 礎 ， 從 初 始 正 三 角 形 （30 度 相 關） 切 入—致 使 圖 形 有 著 全 等、相 似 特 性—化 個 案 為 通 則 ， 造 就 （涵 蓋 所 有 正 n 邊 形 的） 特 殊 式 。 以 初 始 形 狀 來 理 解 並 分 析 ， 才 有 向 後 延 伸 的 可 能 。

表 1-1-2 推演 AS 特殊式

圓心 B、半徑 r 的圓之方程式為 $y = r - \sqrt{r^2 - x^2}$	
$\angle OBF = 30°; \overline{DC}$平行$\overline{OB}$	
$\therefore \angle DEF = \angle OBF; \angle FDE = \angle FOB$ （同位角相等）	
$\therefore \triangle DFE \sim \triangle OFB$ （AA 性質）	
$\dfrac{\overline{OF}}{\overline{OB}} = tan30°; \therefore \overline{OF} = \dfrac{r}{\sqrt{3}}$	
若 $D(x, 0)$ 且 $F\left(\dfrac{r}{\sqrt{3}}, 0\right)$ 且 $E\left(x, r - \sqrt{r^2 - x^2}\right)$，則 $\overline{DF} = \overline{OF} - \overline{OD} = \dfrac{r}{\sqrt{3}} - x$	
$\therefore$ 扇形$BOE = \triangle OFB -$ 區間$ODE - \triangle DFE$	
$\dfrac{r^2 arcsin\frac{x}{r}}{2}$	$= \dfrac{\frac{r}{\sqrt{3}} \cdot r}{2} - \displaystyle\int_0^x \left(r - \sqrt{r^2 - x^2}\right) dx - \dfrac{\left(\frac{r}{\sqrt{3}} - x\right)\left(r - \sqrt{r^2 - x^2}\right)}{2}$
$r^2 arcsin\frac{x}{r}$	$= \dfrac{r^2}{\sqrt{3}} - 2\displaystyle\int_0^x \left(r - \sqrt{r^2 - x^2}\right) dx$
	$\quad - \left(\dfrac{r^2}{\sqrt{3}} - \dfrac{r\sqrt{r^2 - x^2}}{\sqrt{3}} - rx + x\sqrt{r^2 - x^2}\right)$
	$= rx + \dfrac{r\sqrt{r^2 - x^2}}{\sqrt{3}} - 2\displaystyle\int_0^x \left(r - \sqrt{r^2 - x^2}\right) dx - x\sqrt{r^2 - x^2} \qquad (5)$
$r\sqrt{r^2 - x^2}$	$= r^2 - \dfrac{x^2}{2} - \dfrac{x^4}{8r^2} - \dfrac{x^6}{16r^4} - \cdots \qquad (6)$
(6)配合$(3), (4)$，代入(5)	

$r^2 arcsin\frac{x}{r}$	$= rx + \frac{1}{\sqrt{3}}\left(r^2 - \frac{x^2}{2} - \frac{x^4}{8r^2} - \frac{x^6}{16r^4} - \cdots\right)$ $- 2\left(rx - \left(rx - \frac{x^3}{3\cdot 2r} - \frac{x^5}{5\cdot 8r^3} - \frac{x^7}{7\cdot 16r^5} - \cdots\right)\right)$ $-\left(rx - \frac{x^3}{2r} - \frac{x^5}{8r^3} - \frac{x^7}{16r^5} - \cdots\right)$ $= rx + \frac{1}{\sqrt{3}}\left(r^2 - \frac{x^2}{2} - \frac{x^4}{8r^2} - \frac{x^6}{16r^4} - \cdots\right)$ $-\left(rx - \frac{x^3}{3\cdot 2r} - \frac{3x^5}{5\cdot 8r^3} - \frac{5x^7}{7\cdot 16r^5} - \cdots\right)$
$\therefore arcsin\frac{x}{r}$	$= \left(\frac{x^3}{3\cdot 2r^3} + \frac{3x^5}{5\cdot 8r^5} + \frac{5x^7}{7\cdot 16r^7} + \cdots\right)$ $+ \frac{1}{\sqrt{3}}\left(1 - \frac{x^2}{2r^2} - \frac{x^4}{8r^4} - \frac{x^6}{16r^6} - \cdots\right)$ (7)

$\angle OCD = \angle OBF = 30°; \angle CDO = \angle FOB = 90°$

$\therefore \triangle DOC \sim \triangle OFB$（AA 性質）

算式經整理，乃因相似等比例而回歸直角 △DOC，以便探討 r, x 間的關聯。

所以，在 △DOC中，$\overline{OC} = r; \overline{OD} = x; \overline{DC} = \sqrt{3}x$

	延續算式(7)，並從 △ DOC 來看待
$arcsin\frac{x}{r}$	$= \frac{1}{\sqrt{3}}\left(1 + \frac{\left(1 \cdot \frac{\sqrt{3}x}{r} - 3\right)\left(\frac{x}{r}\right)^2}{3 \cdot 2} + \frac{\left(3 \cdot \frac{\sqrt{3}x}{r} - 5\right)\left(\frac{x}{r}\right)^4}{5 \cdot 8} + \frac{\left(5 \cdot \frac{\sqrt{3}x}{r} - 7\right)\left(\frac{x}{r}\right)^6}{7 \cdot 16}\right.$ $\left. + \cdots \right)$
$\frac{\pi}{n}$	$= tan\frac{\pi}{n}\left(1 + \sum_{k=1}^{\infty} \frac{(2k)!\left((2k-1)cos\frac{\pi}{n} - (2k+1)\right)\left(sin\frac{\pi}{n}\right)^{2k}}{(2^k k!)^2(4k^2 - 1)}\right)$

若級數的首項是從 k = 0 起始，則缺的補上，多的扣掉。
$\frac{(2 \cdot 0)!\left((2 \cdot 0 - 1)cos\frac{\pi}{n} - 2 \cdot 0 - 1\right)\left(sin\frac{\pi}{n}\right)^{2 \cdot 0}}{(2^0 0!)^2(4 \cdot 0^2 - 1)} = \frac{-cos\frac{\pi}{n} - 1}{-1} = 1 + cos\frac{\pi}{n}$
$tan\frac{\pi}{n}\left(\sum_{k=0}^{\infty} \frac{(2k)!\left((2k-1)cos\frac{\pi}{n} - 2k - 1\right)\left(sin\frac{\pi}{n}\right)^{2k}}{(2^k k!)^2(4k^2 - 1)} - cos\frac{\pi}{n}\right)$

$\therefore \frac{\pi}{n}$ $= AS_n$	$= \sum_{k=0}^{\infty} \frac{(2k)!\left((2k-1)cos\frac{\pi}{n} - 2k - 1\right)\left(sin\frac{\pi}{n}\right)^{2k+1}}{(2^k k!)^2(4k^2 - 1)cos\frac{\pi}{n}} - sin\frac{\pi}{n}$ $= -sin\frac{\pi}{n} + \sum_{k=0}^{\infty} \frac{(2k)!\left((2k-1)cos\frac{\pi}{n} - (2k+1)\right)sec\frac{\pi}{n}\left(sin\frac{\pi}{n}\right)^{2k+1}}{(2^k k!)^2(4k^2 - 1)}$ $= -sin\frac{\pi}{n} + \sum_{k=0}^{\infty} \frac{(2k)!\left((2k+1)(1 - sec\frac{\pi}{n}) - 2\right)\left(sin\frac{\pi}{n}\right)^{2k+1}}{(2^k k!)^2(4k^2 - 1)}$ $n \geq 3$

	令 $r = 1$，所以 $y = \sqrt{1 - x^2}$
$AS(x)$	$= -x + \sum_{k=0}^{\infty} \dfrac{(2k)!\left((2k-1)(1-x^2) - (2k+1)\sqrt{1-x^2}\right)x^{2k+1}}{(2^k k!)^2 (4k^2 - 1)(1 - x^2)}$ $-1 < x < 1$

當 x = 0，依等量公理固然沒有失衡，卻無意義，因為式子不能展開！因此，必須對照特殊式，加上對 n 值的規範，從而理解：當正多邊形無內外、表裡之分的時候，便是「圓」。

第二節　反正切函數（間接幾何）

十八世紀瑞士數學家歐拉(Euler)推廣「π」作為圓周率符號並發明收斂較好的反正切函數（之後稱歐拉公式 U）。此前是以英國數學家格利哥里(Gregory)所開發的為準；不過，或因公式存在「負項」而影響到收斂效能！

在理念上，格利哥里和萊布尼茲(Leibniz)的結合，為數學史上探討關於圓周率的重要里程碑。因為他們的貢獻，π 從此得以無窮級數的方式來呈現（以有理數表達無理數）。後來的梅欽(Machin)及相類的公式，不過是從那種理念作進一步的變化和衍生罷了。

1.　圓內接歐拉公式(U)

想要直接從格利哥里公式中，著手改良並得到收斂較好的反正切函數，最大的困難點，在於無法消除其始終存在的「負項」……有鑑於此，加上 N 和 U 一般式中的相似性，因而聯想前者可能帶來的「間接幾何分析（同源異向的改寫）」。

表 1-2-1 推演 U 特殊式

$r^2 arcsin\frac{x}{r}$	$= rx + \dfrac{x^3}{3 \cdot 2r} + \dfrac{3x^5}{5 \cdot 8r^3} + \dfrac{5x^7}{7 \cdot 16r^5} + \cdots$
$arcsin\frac{x}{r}$	$= \dfrac{x}{1! \, r} + \dfrac{x^3}{3! \, r^3} + \dfrac{3^2 \cdot x^5}{5! \, r^5} + \dfrac{3^2 \cdot 5^2 \cdot x^7}{7! \, r^7} + \cdots = \displaystyle\sum_{k=0}^{\infty} \dfrac{\left((2k-1)!!\right)^2 \left(\frac{x}{r}\right)^{2k+1}}{(2k+1)!}$
$\dfrac{2\pi}{n}$	$= \displaystyle\sum_{k=0}^{\infty} \dfrac{(2k)! \left(sin\frac{2\pi}{n}\right)^{2k+1}}{(2^k k!)^2 (2k+1)}$
	當取極限之際，重新定義： $\triangle OCG \cong \triangle OHB$ $\therefore \overline{BH} = \overline{GC} = x;\ \overline{GO} = \overline{BO} = r;\ \overline{OH} = \overline{OC} = \sqrt{r^2 + x^2}$
	設 $\angle GOC = \theta$ 弧度，接著推測變通
$arctan\frac{x}{r}$	$= \dfrac{rx}{1! \, r \cdot r} + \dfrac{2^2 \cdot rx^3}{3! \, r \cdot r^3} + \dfrac{2^2 \cdot 4^2 \cdot rx^5}{5! \, r \cdot r^5} + \dfrac{2^2 \cdot 4^2 \cdot 6^2 \cdot rx^7}{7! \, r \cdot r^7} + \cdots$ $= \displaystyle\sum_{k=0}^{\infty} \dfrac{\left((2k)!!\right)^2}{(2k+1)!} \cdot \dfrac{r}{\sqrt{r^2 + x^2}} \left(\dfrac{x}{\sqrt{r^2 + x^2}}\right)^{2k+1} ;\ if \lim_{\theta \to 0} x = 0$
$\dfrac{\pi}{n} = U_n$	$= \displaystyle\sum_{k=0}^{\infty} \dfrac{\left(2^k k!\right)^2 cos\frac{\pi}{n}\left(sin\frac{\pi}{n}\right)^{2k+1}}{(2k+1)!} ;\ n \geq 3$
	令 $y = 1$，所以 $r = \sqrt{1 + x^2}$
$U(x)$	$= \displaystyle\sum_{k=0}^{\infty} \dfrac{\left(2^k k!\right)^2 \cdot 1 \cdot x^{2k+1}}{(2k+1)! \left(\sqrt{1+x^2}\right)^{2k+2}}$ $= \displaystyle\sum_{k=0}^{\infty} \dfrac{\left(2^k k!\right)^2 x^{2k+1}}{(2k+1)! (1+x^2)^{k+1}} ;\ x \in \mathrm{R}$

　　對應笛卡兒座標：不論 sin 或 tan，如果以 x/y 的形式認知，那麼第三邊分別爲 $\sqrt{r^2 - x^2}, \sqrt{r^2 + x^2}$。前者 y = r 毫無疑問，而後者唯有取極限才可得（可理解爲 y/r = r/r = r/y，也就是特殊式中的 cos 值）。將其轉爲一般式：以單位圓(r = 1)來看待，便可得著名的歐拉公式。如此，展開式不會

產生負項；以之詮釋萊布尼茲公式「$\pi/4 = U(1)$」，在收斂上就好得多而且有實質的意義。

2. 圓外切公式(AT)

　　以單位圓的面積來看，圓的內接、外切正方形(π_2, π_4)的算術平均數，便是其內接正 12 邊形(π_3)。儘管三者於開頭的位置不同，但在幾何演化上最終皆趨近同一個圓（極限值，即 $LV = \pi$），故依然符合算術平均數的原理。

表 1-2-2 推演 AT 特殊式之一

有理外正方	
$\dfrac{\pi_2 + \pi_4}{2}$	$= \pi_3$
$\dfrac{\pi_4 + 4U_4}{2}$	$= 6N_{12}$
π_4	$= 12N_{12} - 4U_4$ $= 12\displaystyle\sum_{k=0}^{\infty}\frac{(2k)!\left(sin\frac{2\pi}{12}\right)^{2k+1}}{(2^k k!)^2(2k+1)} - 4\displaystyle\sum_{k=0}^{\infty}\frac{\left(2^k k!\right)^2 cos\frac{\pi}{4}\left(sin\frac{\pi}{4}\right)^{2k+1}}{(2k+1)!}$
$\therefore\dfrac{\pi}{4}$	$= \displaystyle\sum_{k=0}^{\infty}\frac{3\left((2k)!\right)^2\left(sin\frac{\pi}{6}\right)^{2k+1} - \left(2^k k!\right)^4 cos\frac{\pi}{4}\left(sin\frac{\pi}{4}\right)^{2k+1}}{(2^k k!)^2(2k+1)!}$
無理內三角	
$\dfrac{3N_3}{2}$	$= \dfrac{3}{2}\displaystyle\sum_{k=0}^{\infty}\frac{(2k)!\left(sin\frac{2\pi}{3}\right)^{2k+1}}{(2^k k!)^2(2k+1)} \neq \pi$
$\dfrac{3N_3}{2} - U_3$	$= \dfrac{\pi}{2} - \dfrac{\pi}{3}$ $= \dfrac{3}{2}\displaystyle\sum_{k=0}^{\infty}\frac{(2k)!\left(sin\frac{2\pi}{3}\right)^{2k+1}}{(2^k k!)^2(2k+1)} - \displaystyle\sum_{k=0}^{\infty}\frac{\left(2^k k!\right)^2 cos\frac{\pi}{3}\left(sin\frac{\pi}{3}\right)^{2k+1}}{(2k+1)!}$

| $\frac{\pi}{6}$ | $= \sum_{k=0}^{\infty} \dfrac{\frac{3}{2}\left((2k)!\right)^2 \left(sin\frac{\pi}{3}\right)^{2k+1} - \frac{1}{2}\left(2^k k!\right)^4 \left(sin\frac{\pi}{3}\right)^{2k+1}}{(2^k k!)^2 (2k+1)!}$ |
| $\therefore \dfrac{\pi}{3}$ | $= \sum_{k=0}^{\infty} \dfrac{\left(3\left((2k)!\right)^2 - \left(2^k k!\right)^4\right)\left(sin\frac{\pi}{3}\right)^{2k+1}}{(2^k k!)^2 (2k+1)!}$ ，首項爲 $\sqrt{3} = \tan\dfrac{\pi}{3}$ |

正方形提供公式架構，正三角形提供特例極限值（單位半圓）；將此一新獲取的規律，回頭檢驗 n = 3 的部分，確定符合正形圓。

表 1-2-3　推演 AT 特殊式之二

大膽假設：$\left(2^k k!\right)^4$的係數固定不變，變化在於$\left((2k)!\right)^2$的係數。	
當 $k = 0$ 之際，式子的首項以及欲求取的目標：$(a-1)sin\frac{\pi}{n} = tan\frac{\pi}{n}$	
$(w-1)\cos\dfrac{\pi}{4} = 1;\ w = 1 + \sqrt{2}$ $(x-1)\cos\dfrac{\pi}{5} = 1;\ x = \sqrt{5}$ $(y-1)\cos\dfrac{\pi}{6} = 1;\ y = 1 + \dfrac{2}{\sqrt{3}}$ …	
$(a-1)\cos\dfrac{\pi}{n} = 1;\ \therefore a = 1 + \dfrac{1}{cos\frac{\pi}{n}}$ ，首項爲 $\tan\dfrac{\pi}{n}$	
$\dfrac{\pi}{n}$ $= AT_n$	$= \sum_{k=0}^{\infty} \dfrac{\left(\left(1 + \frac{1}{cos\frac{\pi}{n}}\right)\left((2k)!\right)^2 - \left(2^k k!\right)^4\right)\left(sin\frac{\pi}{n}\right)^{2k+1}}{(2^k k!)^2 (2k+1)!}$ $= \sum_{k=0}^{\infty} \dfrac{\left(\left(1 + sec\frac{\pi}{n}\right)\left((2k)!\right)^2 - \left(2^k k!\right)^4\right)\left(sin\frac{\pi}{n}\right)^{2k+1}}{(2^k k!)^2 (2k+1)!}$ $n \geq 3$

| $AT(x)$ | $= \sum_{k=0}^{\infty} \dfrac{\left(\left(1+\sqrt{1+x^2}\right)\left((2k)!\right)^2 - \left(2^k k!\right)^4\right)\sqrt{1+x^2}\cdot x^{2k+1}}{(2^k k!)^2 (2k+1)!\left(\sqrt{1+x^2}\right)^{2k+2}}$ |

| | $= \sum_{k=0}^{\infty} \dfrac{\left(\left(1+x^2+\sqrt{1+x^2}\right)\left((2k)!\right)^2 - \sqrt{1+x^2}\left(2^k k!\right)^4\right) x^{2k+1}}{(2^k k!)^2 (2k+1)!\,(1+x^2)^{k+1}}$ |

| | $x \in \mathrm{R}$ |

不僅級數的首項（與正 n 邊形有關），而且式子的極限值（與圓有關）皆趨近 π/n。不論是直接或間接的幾何分析，都具有幾何意義。這是筆者由圓的反正弦轉而探討反正切函數之後的一個最大心得。有了幾何的輔助，代數就顯得充實而不純然的賣弄技巧。

3. 牛頓‧歐拉公式(NU)

觀念一：以單位圓來看，π 即為「全圓面積 = 半圓周長」」。
觀念二：以單位圓來看，其外切正 n 邊形的「面積：周長 = 1:2」。

除法中的「等分」，這裡是以「一個分配物件，兩個被分配對象」來看：
  1) 平均分（算術平均）—總量及單位量不變，分成 1:1 的比例。
  2) 不平均分（加權平均）—總量及單位量不變，視實際需求而互有消長。

為符合正形圓理念並達到平衡，須賦予式子若干倍數，而這往往是不平均分。以邊數 n（同步運作）為前提，再以對偶不平均分獲取相關表達式。

表 1-2-4 推演 NU 特殊式並判別一般式

以 U 式來看待單位圓，已知周長為 $2n\sum_{k=0}^{\infty}\dfrac{(2^k k!)^2 cos\frac{\pi}{n}(sin\frac{\pi}{n})^{2k+1}}{(2k+1)!}$

其首項為 $2ncos\frac{\pi}{n}sin\frac{\pi}{n}$

但正 n 邊形的周長為 $2nsin\frac{\pi}{n}$

2π

$$= 2n\sum_{k=0}^{\infty}\dfrac{\dfrac{(2^k k!)^2 cos\frac{\pi}{n}(sin\frac{\pi}{n})^{2k+1}}{(2k+1)!\, cos\frac{\pi}{n}} + \dfrac{\left(\left(1+\frac{1}{cos\frac{\pi}{n}}\right)((2k)!)^2 - (2^k k!)^4\right)(sin\frac{\pi}{n})^{2k+1}}{(2^k k!)^2(2k+1)!}}{1+\dfrac{1}{cos\frac{\pi}{n}}}$$

$$= 2n\sum_{k=0}^{\infty}\dfrac{\left((2^k k!)^4 + \left(1+\frac{1}{cos\frac{\pi}{n}}\right)((2k)!)^2 - (2^k k!)^4\right)(sin\frac{\pi}{n})^{2k+1}}{\left(1+\dfrac{1}{cos\frac{\pi}{n}}\right)(2^k k!)^2(2k+1)!}$$

$\therefore \dfrac{\pi}{n} = NU_n = \sum_{k=0}^{\infty}\dfrac{(2k)!\,(sin\frac{\pi}{n})^{2k+1}}{(2^k k!)^2(2k+1)}$; $n \geq 3$	$\dfrac{\pi}{6} = NU\dfrac{1}{\sqrt{3}}$; $if\ sin\frac{\pi}{n} = \dfrac{x}{\sqrt{1+x^2}}$

　　如以圓正形的特殊式來認知，則圓內接「正六邊形周長＝正 12 邊形面積」，也就是二者在相同的對應角之下：不同的函數自變數，居然能促成「一對一等值應變數」的結果！

　　以圓正形去理解和分析：周長(NU)和面積(N)，固然皆成圓，卻仍各有任務；相像的特殊式不代表具同質一般式……以歸納法推理前 k + 1 項和。

表 1-2-5 對 NU 式歸納成 N 式

$NU_0(x)$	$= \displaystyle\sum_{k=0}^{0} \frac{(2 \cdot 0)! \sqrt{1+x^2} \cdot x^{2 \cdot 0 + 1}}{(2^0 \cdot 0!)^2 (2 \cdot 0 + 1)(1+x^2)^{0+1}} = \frac{x}{\sqrt{1+x^2}}$ $= \displaystyle\sum_{k=0}^{0} \frac{(2 \cdot 0)! \left(\frac{x}{\sqrt{1+x^2}}\right)^{2 \cdot 0 + 1}}{(2^0 \cdot 0!)^2 (2 \cdot 0 + 1)} = N_0\left(\frac{x}{\sqrt{1+x^2}}\right)$
$NU_1(x)$	$= \dfrac{\sqrt{1+x^2} \cdot x}{1+x^2} + \dfrac{\sqrt{1+x^2} \cdot x^3}{6(1+x^2)^2} = \dfrac{x}{\sqrt{1+x^2}} + \dfrac{\left(\frac{x}{\sqrt{1+x^2}}\right)^3}{6}$ $= N_1\left(\dfrac{x}{\sqrt{1+x^2}}\right)$
if $NU_k(x)$	$= \dfrac{\sqrt{1+x^2} \cdot x}{1+x^2} + \dfrac{\sqrt{1+x^2} \cdot x^3}{6(1+x^2)^2} + \cdots + \dfrac{(2k)! \sqrt{1+x^2} \cdot x^{2k+1}}{(2^k k!)^2 (2k+1)(1+x^2)^{k+1}}$ $= \dfrac{x}{\sqrt{1+x^2}} + \dfrac{\left(\frac{x}{\sqrt{1+x^2}}\right)^3}{6} + \cdots + \dfrac{(2k)! \left(\frac{x}{\sqrt{1+x^2}}\right)^{2k+1}}{(2^k k!)^2 (2k+1)}$ $= N_k\left(\dfrac{x}{\sqrt{1+x^2}}\right)$

$$= \frac{\sqrt{1+x^2} \cdot x}{1+x^2} + \frac{\sqrt{1+x^2} \cdot x^3}{6(1+x^2)^2} + \cdots + \frac{(2k)!\sqrt{1+x^2} \cdot x^{2k+1}}{(2^k k!)^2 (2k+1)(1+x^2)^{k+1}}$$

$$+ \frac{(2k+2)!\sqrt{1+x^2} \cdot x^{2k+3}}{(2^{k+1}(k+1)!)^2 (2k+3)\left(\sqrt{1+x^2}\right)^{2k+4}}$$

then $NU_{k+1}(x)$
$$= \frac{x}{\sqrt{1+x^2}} + \frac{\left(\frac{x}{\sqrt{1+x^2}}\right)^3}{6} + \cdots + \frac{(2k)!\left(\frac{x}{\sqrt{1+x^2}}\right)^{2k+1}}{(2^k k!)^2 (2k+1)}$$

$$+ \frac{(2(k+1))!\left(\frac{x}{\sqrt{1+x^2}}\right)^{2(k+1)+1}}{(2^{k+1}(k+1)!)^2 (2(k+1)+1)}$$

$$= N_{k+1}\left(\frac{x}{\sqrt{1+x^2}}\right)$$

$$NU_0(x) = y$$

$$\therefore N_k(y) = NU_k(x)$$

　　此即爲「牛頓‧歐拉公式」的一般式，也就是牛頓反正弦公式的「反正切化」；既是 N 的化身，也和他互爲表裡。以（經過嚴格證明的）舊公式爲基礎，開發出新公式，料想也能加以證明（但非此處所欲關注的部分），從而帶來其後第三章的相關應用。

第三節　對偶平面調和（特殊式）

　　已知：費波那契數列（之後稱費氏數列）爲 $1, 1, 2, 3, 5, 8, \cdots\cdots$，如以「後項減前項」的方式，可得 $-1, 1, 0, 1, 1, 2, 3, 5, 8, \cdots\cdots$，如此，便可一舉交代基準點$(F_0)$及其之前的樣貌。

　　已知：費氏數列的規則，亦可呈現於等比數列。但二者最大的差別，

在於費氏數列有「第零項($F_0 = 0$)」，而他偏偏又是通則推演的關鍵之所在！

表 1-3-1 以等比數列理解費氏數列

假設有一等比數列：
$a_n = ar^0, ar^1, ar^2, \cdots, ar^{n-1} = a, ar, ar^2, \cdots, ar^{n-1}$ $a \neq r \neq 0;\ r \neq 1$
此時，$a_1 = a$；但，這跟$F_0 = 0$ 有何關聯？
$a + ar = ar^2;\ r^2 - r - 1 = 0;\ \therefore r = \dfrac{1 \pm \sqrt{5}}{2}$ $\therefore a_n = a\left(\dfrac{1+\sqrt{5}}{2}\right)^{n-1}\ or\ a\left(\dfrac{1-\sqrt{5}}{2}\right)^{n-1}$
方法的轉折點，在於意識到
$a_1 - a_1 = a - a = a(1-1) = a(r_1{}^0 - r_2{}^0)$
因而可推廣得
$a_n - a_n = a\left[\left(\dfrac{1+\sqrt{5}}{2}\right)^{n-1} - \left(\dfrac{1-\sqrt{5}}{2}\right)^{n-1}\right] = F_0$

可以確定：當兩式在 $n = 1$，也就是首項之際，其差值為 0，此即費氏數列的基準點。但此時還不足以窺探常數 a，因為已事先規範他不是 0。

表 1-3-2 費氏數列一般式求解三部

右式等值（同為 1），左式不等乘方（底數不為 1）
$\left[\left(\dfrac{1+\sqrt{5}}{2}\right)^{-1} - \left(\dfrac{1-\sqrt{5}}{2}\right)^{-1}\right] a = 1$
$\left[\left(\dfrac{1+\sqrt{5}}{2}\right)^{1} - \left(\dfrac{1-\sqrt{5}}{2}\right)^{1}\right] a = 1$
$\left[\left(\dfrac{1+\sqrt{5}}{2}\right)^{2} - \left(\dfrac{1-\sqrt{5}}{2}\right)^{2}\right] a = 1$

$$\therefore a = \frac{1}{\sqrt{5}}$$

n 爲自然數，k 爲非負整數，所以 n = k + 1，k = n − 1
$$\therefore F_k = \frac{1}{\sqrt{5}}\left[\left(\frac{1+\sqrt{5}}{2}\right)^k - \left(\frac{1-\sqrt{5}}{2}\right)^k\right]$$
$$\text{if } \lim_{k\to\infty}\left(\frac{1-\sqrt{5}}{2}\right)^k = 0, \text{then } \frac{F_{k+1}}{F_k} = \frac{1+\sqrt{5}}{2}$$

此即費氏數列的一般式，是以無理數表達有理數！不管從幾何中的對稱還是從槓桿中的平衡原理來看，這般類似數學歸納法的詮釋，不失爲方法之一。

1. 對稱比例調和（臨界點初現）

任何跟 π 有關的無窮級數首項（假設爲a_0），皆可視爲 π 的近似值。於是，由$6N_{12}$ 構成的對稱點 D 和由3pf(5,8)構成的臨界點 L，成一「擾動區間(DL)」。落在該處的級數表達，既不均勻也收斂不佳；然而，他確是 π 與相關數列（詳見第二章）的居所！

將 N 和 U 作對偶調和並加入些許新的元素（如費氏數列），還是有令人驚艷的地方！當比例顚倒，比值互爲倒數之際，結果是「以 N(1/2) 爲對稱軸」作圓的內外之對稱分布。

表 1-3-3 內內對偶調和函數 pf(a, b)

<table>
<tr><td colspan="6" align="center">對偶不平均分比 a: b</td></tr>
<tr><td colspan="6" align="center">$\frac{\pi}{4} = U1;\ \frac{\pi}{6} = N\frac{1}{2}$</td></tr>
<tr><td colspan="6" align="center">

π

$$= \frac{a\pi_2 + b\pi_4}{a + b}$$

$$= \frac{4aU1 + b\left(2 \cdot 6N\frac{1}{2} - 4U1\right)}{a + b}$$

$$= \sum_{k=0}^{\infty} \frac{3b\big((2k)!\big)^2 + (a-b)\big(2^k k!\big)^4 2^k}{(a+b)(2^k k!)^2 (2k+1)!\, 2^{2k-1}}$$

$$= a_0 + a_1 + \cdots + a_k + \cdots = pf_k(a, b)$$

</td></tr>
</table>

(a, b)	LV	a_0	CV_9	$c.d$	(g, f)	幾何意涵
$(0, 1)$	$\frac{\pi}{4}$	1	0.3	$-2.536056\cdots$		外正方，即 π_4
$(1, 0)$		0.5		$2.536209\cdots$		內正方，即 $4U1$
$(1, 1)$	$\frac{\pi}{6}$	0.5	0.8	$5.119862\cdots$		內正 12，即 $6N\frac{1}{2}$
$(1, 2)$	π	$3.\overline{3}$	0.3	$-3.381203\cdots$		
$(2, 1)$		$2.\overline{6}$		$3.381817\cdots$		
$(2, 3)$	π	3.2	0.3	$-2.028599\cdots$	$(1, 1)$	
$(3, 2)$		2.8		$2.029213\cdots$		
$(3, 5)$	π	3.25	0.3	$-2.535825\cdots$		
$(5, 3)$		2.75		$2.53644\cdots$		
$(5, 8)$	$\frac{\pi}{3}$	$1.\overline{076923}$	0.4	$-7.802462\cdots$	$a_1 = 0$	臨界點
$(8, 5)$		$0.\overline{923076}$		$7.80451\cdots$		
$(8, 13)$	π	$3.\overline{238095}$	0.3	$-2.415057\cdots$		
$(13, 8)$		$2.\overline{761904}$		$2.415671\cdots$		
$\cdots$						

π 的首項固定爲 a_0；如果出現等分（有共同因子，如 π/n）情形，那麼依等量公理勢必得調整，不另贅言。臨界點函數—pf(5,8)，首項取 42/13，成 L 點—作爲遞減級數中的最佳收斂（最大 CV 值）。

首項、臨界點的和之「持平」特性，似乎只出現在「由圓外向圓趨近」的遞減形式。此一現象，或可提供兩個反函數間的調和依據—不僅用以判別擾動與否，而且可視爲平衡界限。空間中（立體；3D）的調和，便是一例（如附錄）！

2. UNU 遞增與 NUAT 遞減級數（臨界點再現）

除了幾何意義，特殊式還功在單一函數的推演和不同函數之間的結合。三個反正切函數(U, NU, AT)之間的調和，剛好取得圓內圓外，且能獲取簡潔的單項（單一 $\sum$）。

表 1-3-4 無有形 n 等分圓周長之通則

在相同意義的 n, k, x 之下，各自結合爲遞增、遞減級數	
$\dfrac{2\pi}{n}$ $= UNU_n$	$= U_n + NU_n$ $= \displaystyle\sum_{k=0}^{\infty} \dfrac{\left(\left((2k)!\right)^2 + \cos\frac{\pi}{n}\left(2^k k!\right)^4\right)\left(\sin\frac{\pi}{n}\right)^{2k+1}}{(2^k k!)^2 (2k+1)!} \, ; \; n \geq 3$
$UNU(x)$	$= \displaystyle\sum_{k=0}^{\infty} \dfrac{\left(\sqrt{1+x^2}\left((2k)!\right)^2 + \left(2^k k!\right)^4\right) x^{2k+1}}{(2^k k!)^2 (2k+1)! (1+x^2)^{k+1}} \, ; \; x \in \mathrm{R}$
$\dfrac{2\pi}{n}$ $= NUAT_n$	$= NU_n + AT_n$ $= \displaystyle\sum_{k=0}^{\infty} \dfrac{\left(\left(2+\sec\frac{\pi}{n}\right)\left((2k)!\right)^2 - \left(2^k k!\right)^4\right)\left(\sin\frac{\pi}{n}\right)^{2k+1}}{(2^k k!)^2 (2k+1)!} \, ; \; n \geq 3$

$NUAT(x)$	$= \displaystyle\sum_{k=0}^{\infty} \frac{\left(\left(1+x^2+2\sqrt{1+x^2}\right)\left((2k)!\right)^2 - \sqrt{1+x^2}\left(2^k k!\right)^4\right)x^{2k+1}}{(2^k k!)^2 (2k+1)!\,(1+x^2)^{k+1}}\ ; \ x \in \mathrm{R}$
π $= pfNT$	$= pf(5,8) + NUAT_3$ $= \displaystyle\sum_{k=0}^{\infty} \frac{\left(32+52\left(\sqrt{3}\right)^{2k+1}\right)\left((2k)!\right)^2 - \left(2^{k+2}+13\left(\sqrt{3}\right)^{2k+1}\right)\left(2^k k!\right)^4}{13(2^k k!)^2 (2k+1)!\,2^{2k+1}}$

　　在意義上，任何有形狀的等分圓之周長（弧長；弧度），皆能以無窮級數表達（不論能否尺規）。在 NUAT$_3$中的第二項為零，此即為「臨界點」；3 之後皆為平順。沒有形狀卻仍有等分「半圓；$2\pi/2 = \pi$」，不論從單項或臨界點來看，都是唯一的存在！

第二章 π的數列公式

如以單位圓面積來看，確有（遞增、減的）內外之分；
如以單位圓周長來看，實有（無、有形的）等分之別。

中國南北朝時期，根據數學史家的推斷：

祖沖之先以割圓術，得知 $3.1415926 < \pi < 3.1415927$；接下來認知 $3.1415926/1 = 31415926/10000000$；再以輾轉相除法（連分數）取得其中若干個 π 的漸進分數，並挑選 $22/7$，$355/113$ 這兩個在形式上較爲簡單，在內容上較爲準確的整數比作爲約率和密率，也就是圓周率的近似值。

但是，這種過程與幾何的關聯不夠密切；如果要從幾何切入，那麼本文所提供的方法，或可帶來嶄新的氛圍！以約率作幾何分析，可得「對偶函數」，也就是其極限值，趨近單位圓（半徑 1）的內接、外切正方形面積（2 和 4）。

此法與連分數的共同點：以 N 或 U 方面的有理級數，先行掌握 π 在小數點後的實用精確數據段落，接著代入新公式來獲取漸進分數（簡單整數比）；不過，新方法因結合費氏數列，使得相鄰兩數之間有著更爲強烈的因果關係。即使只知約率而已，仍可透過調和—那是一種「跳脫理想平均分」的不平均分概念—陸續推求密率及密率之後。

第一節 阿基米德首項

約率應歸功阿基米德分析圓內接、外切正多邊形的成果：223/71 < π < 22/7。

1. 已知約率 22/7，並作為圓周率，接著以幾何分析生成函數 $2x/(x-4)$，從而發現其相應函數 $4x/(x+3)$，二者即為「對偶函數」

2. 再以二者間的「不平均分（即 $r:s$，涵蓋平均分）」作進一步的「對偶調和」

3. 由前述的對偶調和函數首項，可得 $pf_0(3,4) = 22/7$；稍作變通，也可得 $r:s$

4. 相鄰成員關係之密切，由泰勒級數（一律沒有擾動）的層遞現象，可見一斑

1. 約率生成對偶函數

一正多邊形（邊皆相等），其中心點 O 至各邊等距，相切成一圓 O；相鄰切點間的連線，構成另一正多邊形。這組正多邊形互為對偶，同有圓 O。

表 2-1-1 平面上的對偶

圓	內接	正 n 邊形	3	4	5	6	…	n	…	對偶
	外切		3	4	5	6		n		

同一個圓中，互為對偶的正 n 邊形也互為相似形。對應 $n-2$ 種正多邊形，也構成 $n-2$ 種對偶形式。

圖 2-1 約率幾何分析

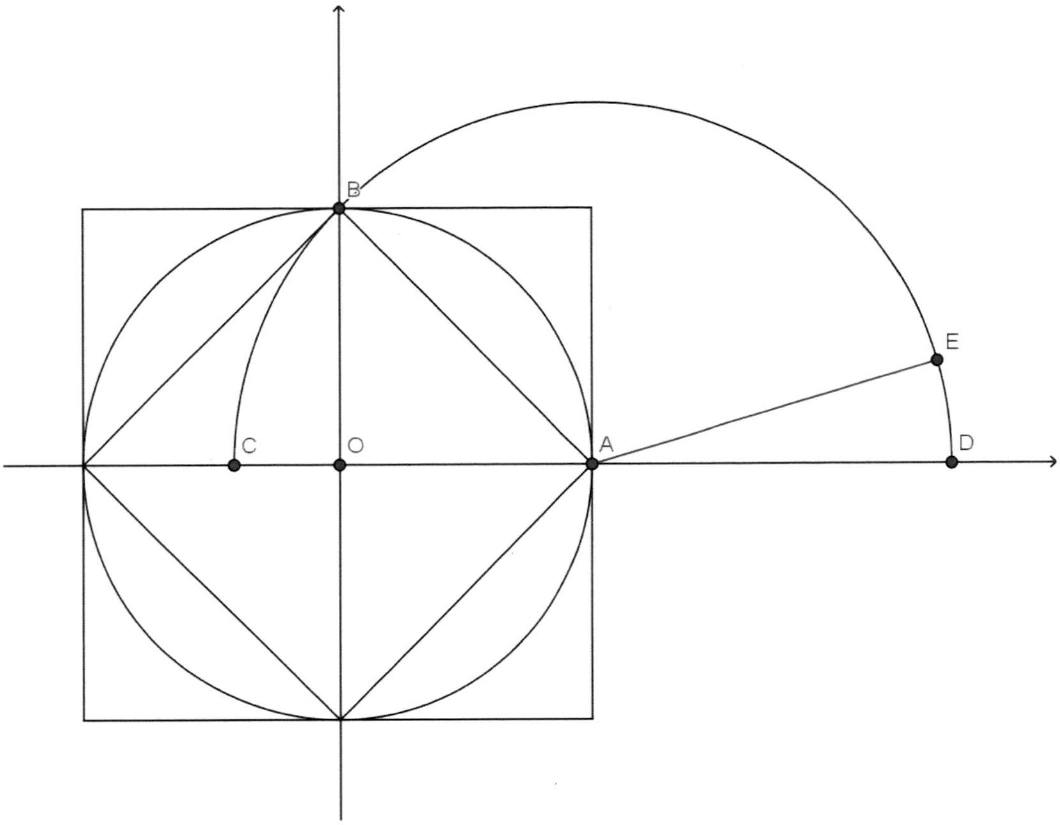

以單位圓 O 來看：

1. 分析前，已掌握圓與扇形的面積公式以及弧度(radian)的概念。

2. 已知「弓形 AB ＝ 區間 OBC」，近似於以 $\overline{AB}$ 作為半徑的半圓（π 弧度）中，取 x 等分的扇形 ADE。

若將「約率 S 視為圓周率 π」之際，則敘述 2 中的「近似」變成「等同」。

表 2-1-2 對偶函數的尋找及調和之濫觴

$$\frac{(\sqrt{2})^2 \cdot \frac{S}{x}}{2} = \frac{1^2 \cdot \frac{S}{2}}{2} - \frac{1 \cdot 1}{2}; \ \frac{2S}{x} = \frac{S-2}{2}$$

$$S = \frac{2x}{x-4} = f_2(x); \ \therefore f_2(11) = \frac{22}{7}$$

$$\therefore \angle DAE = S/11 \ \text{（S 弧度的 11 等分）}$$

$$f_2(x) = \frac{2x}{x-4}; \ x \in \mathrm{R}; \ \lim_{x \to \pm\infty} f_2(x) = 2$$

$$\frac{11d}{c+11} = \frac{22}{7}; \ d = \frac{2(c+11)}{7}$$

c	$\cdots$	-4	-3	-2	-1	0	1	2	3	4	$\cdots$
d		2	$\frac{16}{7}$	$\frac{18}{7}$	$\frac{20}{7}$	$\frac{22}{7}$	$\frac{24}{7}$	$\frac{26}{7}$	4	$\frac{30}{7}$	

$$f_4(x) = \frac{4x}{x+3}; \ x \in \mathrm{R}; \ \lim_{x \to \pm\infty} f_4(x) = 4$$

$$f_2(11) = f_4(11)$$

$$t_n(x) = \frac{(2r+4s)x}{(r+s)x + rc_1 + sc_2} = \frac{L_k x}{x + C_k}; \ r \le s \in \mathrm{N}; \ c_1 < c_2$$

以「對偶平均分」獲取約率遞增級數（區間內端）

$$\frac{f_2(x) + f_4(x)}{1+1} = \frac{6x}{2x-1} = t_1(x)$$

$$t_1(11) = \frac{22 \cdot 3}{7 \cdot 3} = t_1(12) + \frac{6}{23^2} + \cdots + \frac{6 \cdot 2^{n-2}}{23^n} + \cdots$$

以「對偶不平均分」獲取約率遞減級數（區間外端）

$$\frac{2f_2(x) + 3f_4(x)}{2+3} = \frac{16x}{5x+1} = t_1(x)$$

$$t_1(11) = \frac{22 \cdot 8}{7 \cdot 8} = t_1(12) - \frac{16}{61^2} - \cdots - \frac{16 \cdot 5^{n-2}}{61^n} - \cdots$$

以對偶為基礎，過程中有著類似牛頓幾何分析的概念，這是為了導引出圓周率的近似值，即約率。先依約率作幾何分析生成函數，再因對偶而生成另一函數，最後二者進行比例（這裡是運作原始費氏數列）調和。

　　以對偶為基礎：區間有內外之分，調和有次數之別。平均分實為不平均分中的特例；約率之後，是以後者（也就是運用加工過的費氏數列）來發揚新數列。

　　欲遂行逐步精確的目的，在於掌握程序：

1. 取「自變數少 1（即 $a = x - 1$）」
2. 尋找對偶不平均分的「區間」
3. 再以費氏數列作「調和」
4. 獲取期望的整數比（居圓外，且最靠近圓的「最近點」）

　　像這般層遞、遞推的方式，在找出區間之際，實已獲取進一步精確；調和二者不過是更進一步。

　　約率與生成函數同根生，之前再無任何 a 值函數來詮釋他。不過，仍可以原始幾何對偶函數和費氏序對區間函數，也就是有兩組遞增、遞減級數（如附錄）來表達約率。約率之後（也就是接著欲探討的部分），則有區間函數 (Y_0, Y_1) 及透過調和才出現的關聯函數；不管是區間或是從 Y_2 起始之後的某個調和，固然都是以前項（舊數）作為級數首項，但只取落在圓外最近點作為後項（新數）。

第二節　費波那契段落數列

0, 1, 1, 2, 3, 5, 8, 13, 21, 34, 55, 89, ⋯⋯
數列的特色，在於

1. 新數，乃前兩項之和。
2. 後項除以前項的比值，是有規律的在 $(1+\sqrt{5})/2$ 的前後波動，並逐漸趨近該值。

　　pf 函數，除了規範擾動區間：$3 < DL < 3.\overline{230769}$，居然意外的搭上費氏數列（作爲對偶不平均分的比例依據）而造就新的數列。圓周率相關的級數與數列，此刻竟有著巧妙的交集！

　　基本仍以對偶不平均分的概念爲主，公式運用的重心在於尋找比例 $(r:s)$。

1. 約率進階區間函數

　　若前項 $M_{n-1} = q/p$，又已知 $a = x - 1 = q/2 - 1$，則欲求後項 $M_n = ?$

　　假設區間爲 (c, d)，在調和之際，以「d」爲主導，才能符合預期（居圓外，且精確位數增加）。

表 2-2-1 函數 $Y_k(h)$ 原始的架構

區間 c（改 c 為 d 即為區間 d）
$$\dfrac{(x-1)\left(\dfrac{2(3c+1)+4(4c+1)}{(3c+1)+(4c+1)}\right)}{(x-1)+\dfrac{-(x-p)(3c+1)+(2p-x)(4c+1)}{(3c+1)+(4c+1)}}$$
區間 c, d 的調和範例（從基準點起）

$$(x-1)\left(\dfrac{2\left(3\left(dF_0+F_1(c+d)\right)+F_1+F_2\right)+4\left(4\left(dF_0+F_1(c+d)\right)+F_1+F_2\right)}{\left(3\left(dF_0+F_1(c+d)\right)+F_1+F_2\right)+\left(4\left(dF_0+F_1(c+d)\right)+F_1+F_2\right)}\right)$$

$$(x-1)+\dfrac{-(x-p)\left(3\left(dF_0+F_1(c+d)\right)+F_1+F_2\right)+(2p-x)\left(4\left(dF_0+F_1(c+d)\right)+F_1+F_2\right)}{\left(3\left(dF_0+F_1(c+d)\right)+F_1+F_2\right)+\left(4\left(dF_0+F_1(c+d)\right)+F_1+F_2\right)}$$

　　紫、綠色爲主架構，固定不變；紅色作爲各項處理的界限（避免混淆）；藍色則爲費氏數列之分布。這般規劃，致使原來的兩個區間式子合而爲一，形成一個新的脈絡。接下來，便是化繁爲簡，成爲眞正好的公式！

2. 費氏序對調和

　　追本溯源，當原始的費氏數列計較到$-1,1,0,1,1,2,3,5,8,\cdots\cdots$的地步，便可由基準點 0 之前的$-1$和 1 規範公式中的兩組序對，也就是$(-1,1,1,0)$和$(1,0,0,1)$ 作爲區間以表達圓的外、內，而 π 當然是居其中的；接下來，才是以基準點$(0,1,1,1)$爲起始，作進一步（調和）的趨近。

　　以「先偶(R)後奇(L)」來看，是令等值的 k 作成對的展現。當 k = 0 時，便是規範 π 的區間（圓的內外）之所在。而不管調和幾次，必定存在居圓外的最近點（最多精確；最少差距）。

表 2-2-2 函數$Y_k(h)$演進的歷程

F_{-2}	F_{-1}	F_0	F_1	F_2	F_3	F_4	F_5	F_6	F_7	...	F_{2k-2}	F_{2k-1}	...
-1	1	0	1	1	2	3	5	8	13				
k		R($F_{2k-2},F_{2k-1},F_{2k-1},F_{2k}$)						L($F_{2k-1},F_{2k},F_{2k},F_{2k+1}$)					
0	R	(−1, 1, 1, 0)											
	L							(1, 0, 0, 1)					
1	R	(0, 1, 1, 1)											
	L							(1, 1, 1, 2)					
2	R	(1, 2, 2, 3)											
	L							(2, 3, 3, 5)					

...			
$(c,d) = (h, h+1)$			
$(B_{2k-2}, b_{2k-1}) = \big((h+1)F_{2k-2} + F_{2k-1}(2h+1), F_{2k-1} + F_{2k}\big)$			
$(B_{2k-1}, b_{2k}) = \big((h+1)F_{2k-1} + F_{2k}(2h+1), F_{2k} + F_{2k+1}\big)$			
$Y_{2k-2} = \dfrac{2(q-2)(11B_{2k-2} + 3b_{2k-1})}{(3p-2)(7B_{2k-2} + 2b_{2k-1}) + pB_{2k-2}}$			
$Y_{2k-1} = \dfrac{2(q-2)(11B_{2k-1} + 3b_{2k})}{(3p-2)(7B_{2k-1} + 2b_{2k}) + pB_{2k-1}}$			
k	$(B_{2k-2}, b_{2k-1}) = \big((F_{2k-2} + 2F_{2k-1})h + F_{2k-2} + F_{2k-1}, F_{2k-1} + F_{2k}\big)$		
	$F_{2k-2} + 2F_{2k-1} = b_{2k-1} = F_{2k-1} + F_{2k} = F_{2k+1}$		
	$(B_{2k-1}, b_{2k}) = \big((F_{2k-1} + 2F_{2k})h + F_{2k-1} + F_{2k}, F_{2k} + F_{2k+1}\big)$		
	$F_{2k-1} + 2F_{2k} = b_{2k} = F_{2k} + F_{2k+1} = F_{2k+2}$		
0	$(h, 1)$	Y_{-2}	$\dfrac{2(q-2)(11h+3)}{(3p-2)(7h+2)+ph}$
	$(h+1, 1)$	Y_{-1}	$\dfrac{2(q-2)(11h+14)}{(3p-2)(7h+9)+p(h+1)}$
1	$(2h+1, 2)$	Y_0	
	$(3h+2, 3)$	Y_1	
2	$(5h+3, 5)$	Y_2	
	$(8h+5, 8)$	Y_3	
	...		
	$(b_{2k-1}h + b_{2k-2}, b_{2k-1})$		
	$(b_{2k}h + b_{2k-1}, b_{2k})$		
	...		
	$(F_{2k+1}h + F_{2k}, F_{2k+1})$	Y_k	$(F_{k+1}h + F_k, F_{k+1})$
	$(F_{2k+2}h + F_{2k+1}, F_{2k+2})$	Y_{k+1}	$(F_{k+2}h + F_{k+1}, F_{k+2})$
	...		

$$Y_k(h) = \frac{2(q-2)\big(11F_k + F_{k+1}(11h+3)\big)}{(3p-2)\big(7F_k + F_{k+1}(7h+2)\big) + p(F_k + F_{k+1}h)}$$

　　當分子 q 為奇數時：紅色數字，減半處理；不然，便是將 q/p 擴分兩倍。已知前項 q/p，自變數 h 固定，在獲取多個應變數Y_k中揀選最近點（最靠近 π）而成「一對一」性質。所以，定位 $Y_k(h)$為一「連續且（強制）均勻」的函數。函數實已先將比例結合(r + s)再呈現；想要拆解還原當然也沒問題（如附錄）。

第三節　新數列的誕生

　　就因果關係而論，是以圓周率相關級數（帶來小數點後的精確位數）為基礎，續作數列的開發。而其目的不外乎是為了「改良級數所呈現的有理數近似值」，也就是取同樣的精確，在比值位數上大大的減少，顯得更為簡潔。

1.　YFM 遞減數列

　　令居圓外且最單純的 $Y_0(h) = C$，經整理而成專尋 h 的新公式。訣竅是從已知精確兩位的約率(3.1428……)做起：設定常數 C（規定帶有限小數）比他精確至少多一位並且依舊落在圓外（整數看待，即如下「＋1」的一語雙關）；輸入已知(C_1, C_2)的解為經無條件捨去小數的(h_1, h_2)；其後類推，逐步靠近搜尋。

　　以小數點後的精確位數及分子位數間的差值（精子位差，如下述及附錄）規範由約、密率促成的「均衡區間：$0 \leq Drs \leq 3$」作為參考。雖然方法只有一種，但是情境的多樣性應予以尊重，任何合理的設想都得努力呈現。

調和（包括區間的 0 次）之間，除了取最多精確的絕對近，還有：

1. 相對近—精確一樣，取分子最少位；分子同位，取分子最小值
2. 設分子的奇數為 L，相對近為 S

表 2-3-1 在 Y 函數中所呈現的數列形式

$$h = \frac{-3(pC-q)+2(C-3)}{11(pC-q)-7\left(C-\frac{22}{7}\right)}$$

精確位數的基本規則為$q/p + 2 \leq C_1 + 1 \leq C_2$；若逢進、退位則另計。

n	跨越或遠離止步的最近點 Yfm			總是取居圓外的最近點 YFM		
1	$\dfrac{22}{7}$ $3.\overline{142857}$		0			
	(C_1, C_2)	(h_1, h_2)	Drs_n			Drs_n
	$Y_k(h)$					
2	$(3.1416, 3.141593)$	$(-3,-3)$	L			
	$Y_2(-4)$ $\dfrac{355}{113}$ $3.1415929\cdots$		3			
3	$(\cdots 9266, \cdots 92654)$	$(34, 34)$		$(\cdots 9266, \cdots 92654)$	$(34, 34)$	
	$Y_2(34)$ $\dfrac{541620}{172403}$ $3.14159266\cdots$		1	$Y_4(34)$ $\dfrac{1357944}{432247}$ $3.141592654\cdots$		1
4	$(\cdots 2654, \cdots 26536)$	$(-30, -27)$	0	$(\cdots 6536, \cdots 65359)$	$(47, 47)$	L S
	$Y_0(-28)$			$Y_2(47)$		1

	$\dfrac{165193490}{52582721}$			$\dfrac{713598521}{227145464}$		
	3.1415926536…			3.14159265359…		
5	(…5359, …35898)	(146, 155)		(…5898, …89794)	(−13, −13)	L
	$Y_3(155)$		3	$Y_0(−14)$		1
	$\dfrac{94453965472}{30065630999}$			$\dfrac{13469172065}{4287370627}$		
	3.141592653589794…			3.1415926535898…		
6	(…7933, …79324)	(33, 33)	S	(…9794, …97933)	(47, 48)	
	$Y_0(33)$		1	$Y_0(48)$		3
	$\dfrac{34570151362020}{11004020945401}$			$\dfrac{447008147874}{142287112673}$		
	3.1415926535897938…			3.1415926535897934…		
7	(…9324, …93239)	(−4, −4)	L	(…9324, …93239)	(33, 33)	
	$Y_2(−5)$		0	$Y_0(33)$		1
	$\dfrac{1607512038333837}{511686973961117}$			$\dfrac{163604982121152}{52077083238085}$		
	3.14159265358979325…			3.14159265358979328…		
8	(…3239, …32385)	(−2, −2)	S	(…3239, …32385)	(−14, −14)	L
	$Y_0(−3)$		−1	$Y_2(−15)$		1
	$\dfrac{96450722300030160}{30701218437667001}$			$\dfrac{25604179701959975}{8150063526760203}$		
	3.14159265358979324…			3.1415926535897932386…		
9	(…3239, …32385)	(0, 0)	L	(…3847, …38463)	(−16, −14)	
	$Y_2(−1)$		−1	$Y_0(−15)$		1
	$\dfrac{241126805750075395}{76753046094167501}$			$\dfrac{8295754223435031576}{2640620582670305669}$		
	3.141592653589793239…			3.14159265358979323846…		
10	(…2385, …23847)	(0, 0)	−1	(…4627, …46265)	(−158, −87)	L S

	$Y_2(-1)$		$Y_2(-84)$		
	$\dfrac{2411268057500753940}{767530460941675007}$		$\dfrac{7594762991554771405997}{2417488143434664839387}$		2
	$3.1415926535897932388\cdots$		$\cdots 15926535897932384626439\cdot$		
$\cdots$					
當分子 q 爲奇數時：綠倍增。					
若 $h_1 = h_2$，則區間爲：負取$(Y_0(h_1-1), Y_0(h_1))$ or 正取$(Y_0(h_2), Y_0(h_2+1))$。 若 $h_1 < h_2$，同號，則 $Y_0(h_1)$ 是從圓外趨近（未必實際圓外最近點的）$Y_0(h_2)$。					

　　除了獲取最佳收斂，還得顧及均衡趨勢；若欲持續，則後項比前項靠近乃最大前提。相對近，有著「以退爲進」的意涵在其中。

　　雖說沒有限制調和次數，但有不受相對近概念約束的情形：

1. 同側的遠離，比照異側的跨越，該次調和不列入考量。
2. 跨越之後可能發生的「反跨越（內回到外）」現象，該次調和爲答案所在。

2. pfQ 遞減數列

　　原理（公式）原則（善用公式）不變，改 22/7 爲 42/13（代入 p, q）。基於級數中的第二項爲 0，由原本居第 0 數的首項補上，再由級數的前 n 項和，對比數列的第 n 項。

表 2-3-2　在 Y 函數中的數列(Q)對應級數(R)

n	pfR		pfQ		
1	$\dfrac{42}{13}$ $3.\overline{230769}$				-2
			(C_1, C_2)	(h_1, h_2)	Drs_n

			$Y_k(h)$		
			$(3.15, 3.142)$	$(0,0)$	
2		$\dfrac{1657}{520}$	$Y_3(-1)$ $\dfrac{16}{5}$		-2
		$3.18\cdots$	3.2		
			$(3.15, 3.142)$	$(0,0)$	
3		$\dfrac{13157}{4160}$	$Y_4(-1)$ $\dfrac{98}{31}$		-1
		$3.162\cdots$	$3.161\cdots$		
			$(3.142, 3.1416)$	$(0,0)$	
4		$\dfrac{8809961}{2795520}$	$Y_3(-1)$ $\dfrac{192}{61}$		-1
		$3.15\cdots$	$3.147\cdots$		
			$(3.1416, \cdots 41593)$	$(0,0)$	
5		$\dfrac{19845787}{6307840}$	$Y_4(-1)$ $\dfrac{1330}{423}$		-2
		$3.146\cdots$	$3.144\cdots$		
			$(3.1416, \cdots 41593)$	$(0,0)$	L S
6		$\dfrac{7660190259}{2436628480}$	$Y_2(-1)$ $\dfrac{415}{132}$		-1
		$3.1437\cdots$	$3.14\overline{39}$		
7			$(3.1416, \cdots 41593)$	$(0,0)$	S
			$Y_2(-1)$		-2

	$\dfrac{183777641393}{58479083520}$	$\dfrac{1380}{439}$		
	$3.1426\cdots$	$3.1435\cdots$		
		$(3.1416,\cdots41593)$	$(0,0)$	
8		$Y_3(-1)$		-2
	$\dfrac{15378135038957}{4894249451520}$	$\dfrac{2756}{877}$		
	$3.14208\cdots$	$3.1425\cdots$		
		$(3.1416,\cdots41593)$	$(0,0)$	LS
9		$Y_5(-1)$		
	$\dfrac{30384722265512761}{9671036916203520}$	$\dfrac{729}{232}$		-1
	$3.14182\cdots$	$3.1422\cdots$		
		$(3.1416,\cdots41593)$	$(0,0)$	
10		$Y_4(-1)$		
	$\dfrac{486136712049064561}{154736590659256320}$	$\dfrac{2548}{811}$		-1
	$3.141704\cdots$	$3.1418002\cdots$		
...				

　　由此可見，想要兼顧均衡與最佳，費氏序對調和的機制是重要的，但是次數應順勢而適切。區間等值，往往對調和較為依賴；區間不等值，則大多不用調和。取最近點的原則不變。開發相對近，意在盡量避開區間數 (h_1, h_2) 出現 0 帶來的「困擾（未必不能持續，但似乎受到某種限制）」，務求積極可靠，穩紮穩打。

3. 簡化公式與個案

　　公式中的分子、分母偏旁係數之規律：區間(16/5 , 25/8)中有

(19/6, 22/7)。尤以約率令人驚艷：

1. 取前述 YFM 數列中的前五項，作爲式子中的 p 和 q。
2. 古人的作品（乃東漢三國時期的數學家劉徽發現，其特色爲 3.14 及 3.1416 等有限小數），也很意外的出現在這種簡化公式中。

表 2-3-3　在 Y 函數中的特例於 A, B, C 數列

$\left(Y_0(h), Y_0(h+1)\right) = \left(Y_0(h), Y_1(h)\right)$		
$Y_0(1) = Y_1(0) = \dfrac{28(q-2)}{9(3p-2)+p}$; $Y_0(0) = Y_1(-1) = \dfrac{3(q-2)}{3p-2}$		
$Y_0(-1) = \dfrac{16(q-2)}{5(3p-2)+p}$; $Y_1(1) = \dfrac{25(q-2)}{8(3p-2)+p}$		
$\dfrac{q}{p}$	$A: \dfrac{22(q-2)}{7(3p-2)+p}$	
3.142…	$\dfrac{22}{7}$	3.142…
3.1415929…	$\dfrac{3883}{1236}$	3.14158…
3.141592654…	$\dfrac{7468681}{2377355}$	3.141592652…
3.141592653595…	$\dfrac{2616527903}{832866699}$	3.141592653592…
3.1415926535898…	$\dfrac{148160892693}{47161076890}$	3.1415926535896…
…		
	$B: \dfrac{22(q+2)}{7(3p+2)+p}$; $C: \dfrac{22(q-198)}{7(3p-198)+p}$	
$\dfrac{355}{113}$	$\dfrac{3927}{1250}$	3.1416

	$\dfrac{157}{50}$	3.14

　　同在圓外的第四數，確實有比較靠近圓。努力尋找不只一個的眾多數列，無非是希望達到「小數精確多幾個，分數位數少幾個。」的目的！

第四節　泰勒新數展開式

　　對於一個函數 t(x)，如果在點 a 有任意階的高階導數，那麼 t(a)的泰勒級數在此便是與 a − x 有關。其內涵在於運用到微分中的除法公式以及連鎖律。

　　當 h 值已然獲取，則不光造就新數，還可進一步關心舊、新數間的泰勒級數之表達。由以下從 Y 函數提取的公式，造就新生成函數（區間或關聯）之架構。

表 2-4-1 在 YFM 數列中的泰勒子式

$L_k = \dfrac{2\big(11F_k + F_{k+1}(11h + 3)\big)}{7F_k + F_{k+1}(7h + 2)}$
$C_k = \dfrac{(3p - q)\big(7F_k + F_{k+1}(7h + 2)\big) + p(F_k + F_{k+1}h)}{2\big(7F_k + F_{k+1}(7h + 2)\big)}$
$t(x) = \dfrac{Lx}{x + C}$
$t(a) = \displaystyle\sum_{k=0}^{\infty} \dfrac{d^k t(x)}{k!\,dx}(a - x)^k$
$x = a + 1 = q/2$

$\dfrac{d^0 t(x)}{dx}$	$\dfrac{Lx}{x + C}$	

$\dfrac{d^1 t(x)}{dx}$	$\dfrac{\frac{Lx}{dx}(x+C) - Lx\frac{x+C}{dx}}{(x+C)^2}$	$\dfrac{LC}{(x+C)^2}$
$\dfrac{d^2 t(x)}{dx}$	$\dfrac{\frac{LC}{dx}(x+C)^2 - LC\frac{(x+C)^2}{dx}}{(x+C)^4}$	$\dfrac{-2LC}{(x+C)^3}$
$\dfrac{d^3 t(x)}{dx}$	$\dfrac{\frac{-2LC}{dx}(x+C)^3 - (-2LC)\frac{(x+C)^3}{dx}}{(x+C)^6}$	$\dfrac{6LC}{(x+C)^4}$
…		
$\dfrac{d^k t(x)}{k!\,dx}$	$\dfrac{(-1)^{k+1}(k-1)!\,LC\frac{(x+C)^k}{dx}}{k!(x+C)^{2k}}$	$\dfrac{(-1)^{k+1}LC}{(x+C)^{k+1}}$
$\therefore\; t_n(a) = \dfrac{L}{x+C}\left(x - C\displaystyle\sum_{k=1}^{\infty}\dfrac{1}{(x+C)^k}\right)$		

同列等值。當分子 q 為奇數時：紅減半，綠倍增。

1. 密率及之後的演示

「$Y_k(h)$成就 $t_n(x)$ 和 M_n」。故與二者有關（舉凡歷經費氏數列調和）的泰勒級數，皆能以如上、下經過整理、簡化的公式來表達。

表 2-4-2 在 YFM 數列中的泰勒母式

dual	$f_2(x) = \dfrac{2x}{x-4}$	$f_4(x) = \dfrac{4x}{x+3}$
	$M_n = t_n(x) = \dfrac{rf_2(x) + sf_4(x)}{r+s};\; r \le s \in \mathbb{N}$	
	$\dfrac{19f_2(x) + 26f_4(x)}{19+26}$	$\dfrac{524g_2(x) + 697g_4(x)}{524+697}$
	$\dfrac{\left(\frac{19\cdot2+26\cdot4}{19+26}\right)x}{x + \frac{19(-4)+26\cdot3}{19+26}}$	$\dfrac{\left(\frac{524\cdot2+697\cdot4}{524+697}\right)x}{x + \frac{524(-129)+697\cdot97}{524+697}}$

$t_n(x)$	$\dfrac{\left(\frac{142}{45}\right)x}{x+\frac{2}{45}}$	$\dfrac{\left(\frac{3836}{1221}\right)x}{x+\frac{13}{1221}}$
x_n	$x_2 = 22/2 = 11$	$x_3 = 355$
$t_n(x_n-1)$	$t_2(10) = t_2(11) - \cdots$	$t_3(354) = t_3(355) - \cdots$
	$t_2(10) = \dfrac{1420}{452} = \dfrac{355\cdot4}{113\cdot4}$	$t_3(354) = \dfrac{1357944}{432247}$
	$\dfrac{22}{7} - \dfrac{284}{497^2} - \dfrac{284\cdot45}{497^3} - \cdots$	$\dfrac{355}{113} - \dfrac{49868}{433468^2} - \dfrac{49868\cdot1221}{433468^3} - \cdots$
	$\dfrac{22}{7} - \dfrac{4\cdot71}{497^2}\sum_{k=0}^{\infty}\left(\dfrac{45}{7\cdot71}\right)^k$	$\dfrac{355}{113} - \dfrac{13\cdot3836}{433468^2}\sum_{k=0}^{\infty}\left(\dfrac{1221}{113\cdot3836}\right)^k$
	$\dfrac{22\cdot113-1}{7\cdot113} = \dfrac{7\cdot355}{7\cdot113}$	$\dfrac{355\cdot432247-13}{113\cdot432247} = \dfrac{113\cdot1357944}{113\cdot432247}$
	$\dfrac{142}{45} - \dfrac{4}{45\cdot7}\sum_{k=0}^{\infty}\left(\dfrac{45}{7\cdot71}\right)^k$	$\dfrac{3836}{1221} - \dfrac{13}{1221\cdot113}\sum_{k=0}^{\infty}\left(\dfrac{1221}{113\cdot3836}\right)^k$

$$\therefore M_n = M_{n-1} - \cdots = L\left(1 - C\sum_{k=0}^{\infty}\left(\frac{2}{Lp}\right)^{k+1}\right)$$

當分子 q 為奇數時：紅減半。

　　相較於級數，數列在 Y 函數的引領之下，顯得更加積極於「強制均衡（均勻、平順），揀選最佳（絕對近、相對近，並重運用）」方面努力。而作為二者交集的 pf 函數（如表 0、表 2-3-2 以及附錄），再再印證：級數與數列，殊途同歸，無有高下！

第三章 π的均匀和不均匀

　　圓周率的相關函數，其連續性（沒有重複、遺漏）已不在話下。至於均匀與否，在前兩章已現出端倪。本章乃就此現象作進一步的表達；儘管在不均匀（擾動）的部分並非筆者想要的，但二者和居中的界限（臨界點）畢竟構成了 π 的全部。因此，在為眾人的奉獻上，這無可迴避；而在主觀認定上，確實可以取捨。

　　所謂「擾動（圖形化來看，非平順的**趨近圓**）」，就是發生於無窮級數的首項與極限值之間不規則的波動、折返現象，且通常出現在剛開始的前幾項和。

表 3 收斂率(CV)的定義

收斂率(CV)：平均「Q 個 k + 1 項」所得之精確位數
$$if\ arc(x) = \sum_{k=0}^{k}(x_1)^{2k+1} + \sum_{k=0}^{k}(x_2)^{2k+1} + \cdots + \sum_{k=0}^{k}(x_Q)^{2k+1}$$ $$then\ \pi - arc(x) = \pm c.d \cdot 10^{-n}$$ $$1 \le c \le 9 \in \mathbb{N};\ 0 < d < 1$$
$$CV_k = \frac{n-1}{Q(k+1)}$$
CV 務必大於原始單項，才算是達到化為梅欽型的目的。

　　不管分幾項：級數前 k + 1 項和之收斂率，即為 CV_k。相同的項數（$\sum$ 個數）之間，確實可略去 Q 值作比較。當取相同的極限值和 k 值：CV 愈大，收斂愈好；等於 0(n = 1)即表沒有精確（也可能收斂極慢），毫無意義！

當 CV 等值的時候，如果想要進一步區分，那麼可比較 c.d，採「先 c（整數）後 d（小數）」順序—正數，居圓內；負數，居圓外—不論 c 或 d，數據愈小即表與 π 的差距愈少（愈靠近圓）。

第一節　角度餘補調和（一般式）

對偶調和一定是內外調和；內外調和未必是對偶調和。端看從「形（特殊式）」或者從「數（一般式）」去理解。直接來看圓外切公式，不認為有何價值可言；唯有引進「畢氏數」，才能破除原式「帶根號」的狀態！

關於「角度調和」的原理：

1. 在直角三角形中，畢氏數（整數邊長，有公式）有無限多組
2. 單獨看，邊不對應特別角；合起來看，勾股邊可成直角
3. 以函數的一般式看待，有著「去根號，突顯 π」的特質

表 3-1-1 反三角函數調和律

單項特別角	兩項互餘
$1^2 + \left(\sqrt{3}\right)^2 = 2^2$	$3^2 + 4^2 = 5^2$
$NU\dfrac{1}{\sqrt{3}} = N\dfrac{1}{2} = \dfrac{\pi}{6}$	$NU\dfrac{3}{4} = N\dfrac{3}{5}$; $NU\dfrac{4}{3} = N\dfrac{4}{5}$
$1^2 + 1^2 = \left(\sqrt{2}\right)^2$	$NU\dfrac{3}{4} + NU\dfrac{4}{3} = N\dfrac{3}{5} + N\dfrac{4}{5} = \dfrac{\pi}{2}$
$NU1 = N\dfrac{1}{\sqrt{2}} = \dfrac{\pi}{4}$	$NU\dfrac{3}{4} + N\dfrac{4}{5} = N\dfrac{3}{5} + NU\dfrac{4}{3} = \dfrac{\pi}{2}$
	$\therefore \dfrac{\pi}{2} = NU2 = N2 = NUN = NNU$

依此律，其作用和特色爲：

1. 既然 NU2 = N2，故對於複合型調和，是以同性質函數作適切的結合。例如：NUAT = NAT，取左式；NUAS = NAS，取右式。

2. 只要能取得符合規定的兩個$\sum$，那麼以直角爲基礎，將表達式再結合一次，即爲平角。例如：NUAT2, NASNUAT, ……

3. 直覺上，無理數的平方，應該還是無理數；當中的某些之所以能「有理化（去根號）」，實爲「畢氏定理(Pythagoras' Theorem)；即 $a^2 + b^2 = c^2$」之功！

4. 也就是說，透過兩項的平方和（差）轉爲單項的完全平方數。例如：函數中的 $\sqrt{1 \pm x^2}$。而畢氏數中收斂最佳便是「勾股差 1」的部分。

1. 畢氏數及勾股特例

表 3-1-2 畢氏數一般式於「勾股差 1」

$(a, b, c) = (m^2 - n^2, 2mn, m^2 + n^2)$		
k	(m_k, n_k)	
0	$(1, 0)$	
1	$(2, 1)$	$(3, 4, 5)$
2	$(5, 2)$	$(21, 20, 29)$
3	$(12, 5)$	$(119, 120, 169)$
...		
	$(2m_{k-1} + n_{k-1}, m_{k-1})$	(a_k, b_k, c_k)
...		

表 3-1-3 畢氏數反正切式於「勾股差 1」

$$\arctan \frac{a_n}{b_n} \pm \arctan \frac{a_{n+1}}{b_{n+1}} = \arctan \frac{a_n b_{n+1} \pm b_n a_{n+1}}{b_n b_{n+1} \mp a_n a_{n+1}}$$

	第一組		第二組		第三組		第四組		...	第 n 組		...
分子	1	1	2	3	5	7	12	17		a_n	a_{n+1}	
分母	2	3	5	7	12	17	29	41		b_n	b_{n+1}	
股勾	4	3	20	21	120	119	696	697		$2a_n b_n$	$a_{n+1} b_{n+1}$	
弦	5		29		169		985			$a_n b_{n+1} + b_n a_{n+1}$		
水平看待分子、分母，發現在原理上都跟費氏數列有關。												

依畢氏定理，關於「勾股差 1」的平方和而促成弦的完全平方數，本已具相關公式可尋找無限多組。然而透過對梅欽型公式（單項化爲多項，用以提高收斂）的探討，竟意外的發現較爲另類的獲取方式！

2. 直角和平角的案例

以調和來看待：單一爲 $\pi/2$，即直角；多重爲 $\pi/2 + \pi/2 = \pi$，即平角。乍看之下，角度調和類似梅欽型，但二者實爲不同概念。前者是「只兩項和（結合；必爲正項）」，後者是「具多項和（分割；時有負項）」。

$(g, f) =$（折點，返點）即爲造成擾動的 k 值所在。折點以首項(k = 0)爲參考點；返點以折點爲參考點。以下就符合的情形陳述，自變數以其分子序對呈現。

表 3-1-4 直角和平角的案例

	LV		a_0	CV_9		
1	$\dfrac{\pi}{6}$	$N\dfrac{1}{2}$	$\dfrac{1}{2}$	$\dfrac{4}{5}$	$Newton, 1676$	
2	$\dfrac{\pi}{4}$	$U1$	$\dfrac{1}{2}$	$\dfrac{3}{10}$	$Euler, 1755$	
	$\dfrac{\pi}{6}$	$NU\dfrac{1}{\sqrt{3}}$			$= N\dfrac{1}{2}$	
3		AS				
4		AT				

$H_2^4 = 10$	$LV = \dfrac{\pi}{2}$		a_0	CV_9	$c.d$	(g, f)
$(1,1)$	$N2$	$(3,4)$	1.4	0.15	$1.781927\cdots$	
		$(20,21)$	$1.41379\cdots$	0.2	$2.360983\cdots$	
$(1,2)$	UNU	$(3,4)$	1.28	0.15	$1.851646\cdots$	
		$(4,3)$	1.08	0.1	$3.886108\cdots$	
		$(20,21)$	$1.22354\cdots$		$1.6476\cdots$	
		$(21,20)$	$1.18906\cdots$	0.15	$4.329379\cdots$	
$(1,3)$	NAS	$(3,4)$	$1.9\overline{3}$		$-1.463212\cdots$	
		$(4,3)$	1.55		$1.778228\cdots$	$(1,1)$
		$(20,21)$	$1.73965\cdots$	0.25	$-4.598222\cdots$	
		$(21,20)$	$1.67651\cdots$	0.2	$1.467697\cdots$	$(1,3)$
$(1,4)$	$NUAT$	$(3,4)$	$1.9\overline{3}$	0.1	$-6.001666\cdots$	
		$(4,3)$	1.55		$1.694779\cdots$	$(1,4)$
		$(20,21)$	$1.73965\cdots$	0.15	$-5.699158\cdots$	
		$(21,20)$	$1.67651\cdots$		$-1.713118\cdots$	
$(2,2)$	$U2$	$(3,4)$	0.96	0.1	$3.89308\cdots$	
		$(20,21)$	$0.99881\cdots$		$5.74088\cdots$	
$(2,3)$	UAS	$(3,4)$	$1.81\overline{3}$	0.15	$-1.393494\cdots$	

		(4,3)	1.23	0.1	$3.885738\cdots$	
		(20,21)	$1.5494\cdots$	0.15	$1.365519\cdots$	(1,2)
		(21,20)	$1.45178\cdots$		$4.24005\cdots$	
(2,4)	*UAT*	(3,4)	$1.81\overline{3}$	0.1	$-5.994694\cdots$	(1,1)
		(4,3)	1.23		$3.877393\cdots$	
		(20,21)	$1.5494\cdots$	0.15	$-4.287656\cdots$	(1,1)
		(21,20)	$1.45178\cdots$		$2.380162\cdots$	
(3,3)	*AS2*	(3,4)	$2.08\overline{3}$	0.15	$-1.466912\cdots$	
		(20,21)	$2.00238\cdots$	0.2	$-1.353108\cdots$	
(3,4)	*ASAT*	(3,4)	$2.08\overline{3}$	0.1	$-6.002036\cdots$	
		(4,3)			$-1.550361\cdots$	
		(20,21)	$2.00238\cdots$	0.15	$-5.788487\cdots$	
		(21,20)			$-1.995199\cdots$	
(4,4)	*AT2*	(3,4)	$2.08\overline{3}$	0.1	$-6.010381\cdots$	
		(20,21)	$2.00238\cdots$	0.15	$-7.648375\cdots$	
		(119,120)	$2.00007\cdots$		$-6.702693\cdots$	
$H_4^4 = 35$	$LV = \pi$		a_0	CV_9	$c.d$	(g,f)
(1,1,1,1)						
(1,1,1,2)	*UNU2N*	(3,4)	2.68	0.15	$3.633574\cdots$	
		(4,3)	2.48	0.1	$4.064301\cdots$	
		(20,21)	$2.63733\cdots$		$1.883698\cdots$	
		(21,20)	$2.60285\cdots$	0.15	$4.565477\cdots$	
(1,1,1,3)	*NAS2N*	(3,4)	2.95		$3.560155\cdots$	
		(4,3)	$3.\overline{3}$		$3.187147\cdots$	(3,4)
		(20,21)	$3.09031\cdots$	0.2	$3.82868\cdots$	
		(21,20)	$3.15344\cdots$		$1.901161\cdots$	(1,1)
(1,1,1,4)	*NUAT2N*	(3,4)	2.95	0.15	$3.476706\cdots$	
		(4,3)	$3.\overline{3}$	0.1	$-5.823473\cdots$	(1,1)
		(20,21)	$3.09031\cdots$	0.15	$-1.47702\cdots$	(1,1)

		(21,20)	3.15344⋯		−5.46306⋯	(1,2)
(1,1,2,2)	*UNU2*	(3,4)	2.36	0.1	4.071272⋯	
		(20,21)	2.4126⋯	0.15	5.976979⋯	
		(119,120)	2.41416⋯		5.299378⋯	
(1,1,2,3)	*UAS2N*	x				
(1,2,1,3)	*NASUNU*	(3,4)	2.63	0.1	4.063931⋯	
		(4,3)	$3.21\overline{3}$	0.2	3.884336⋯	(1,1)
		(20,21)	2.86557⋯		4.476148⋯	
		(21,20)	2.96319⋯	0.15	1.601617⋯	
(1,1,2,4)	*UAT2N*	(3,4)	2.83		3.546425⋯	
		(4,3)	$3.01\overline{3}$	0.1	−2.115558⋯	(1,3)
		(20,21)	2.90006⋯	0.25	−6.551828⋯	(6,8)
		(21,20)	2.92871⋯	0.15	−1.369779⋯	(3,4)
(1,2,1,4)	*UNUNUAT*	(3,4)	$3.21\overline{3}$	0.1	−5.816501⋯	(1,2)
		(4,3)	2.63		4.055586⋯	
		(20,21)	2.96319⋯	0.15	−4.051558⋯	(2,3)
		(21,20)	2.86557⋯		2.61626⋯	
(1,1,3,3)	*NAS2*	(3,4)	$3.48\overline{3}$	0.2	3.150151⋯	(4,6)
		(20,21)	3.41617⋯		1.007875⋯	(2,3)
(1,1,3,4)	*ASAT2N*	x				
(1,3,1,4)	*NASNUAT*	(3,4)	$3.48\overline{3}$	0.1	−5.823843⋯	
		(4,3)		0.2	2.315661⋯	(7,9)
		(20,21)	3.41617⋯	0.15	−5.552389⋯	
		(21,20)			−1.7591⋯	
(1,1,4,4)	*NUAT2*	(3,4)	$3.48\overline{3}$	0.1	−5.832188⋯	
		(20,21)	3.41617⋯	0.15	−7.412277⋯	
		(119,120)	3.41427⋯		−6.495147⋯	
(1,2,2,2)	*UNU2U*	(3,4)	2.04	0.1	7.779188⋯	
		(4,3)	2.24		4.078244⋯	

		(20, 21)	2.18787⋯		1.007026⋯	
		(21, 20)	2.22235⋯	0.15	7.388481⋯	
(1, 2, 2, 3)	*UNUUAS*	x				
(1, 3, 2, 2)	*NAS2U*	(3, 4)	2.31	0.1	7.771846⋯	
		(4, 3)	$3.09\overline{3}$	0.2	4.581525⋯	(1, 1)
		(20, 21)	2.64084⋯	0.15	8.569429⋯	
		(21, 20)	2.77294⋯		3.013119⋯	
(1, 2, 2, 4)	*UNUUAT*	(3, 4)	$2.89\overline{3}$	0.1	−2.108586⋯	(2, 3)
		(4, 3)	2.51		4.062558⋯	
		(20, 21)	2.73846⋯	0.25	4.17222⋯	
		(21, 20)	2.67532⋯	0.15	4.027762⋯	
(1, 4, 2, 2)	*NUAT2U*	(3, 4)	2.31	0.1	7.763501⋯	
		(4, 3)	$3.09\overline{3}$		−5.809529⋯	(1, 1)
		(20, 21)	2.64084⋯		6.709541⋯	
		(21, 20)	2.77294⋯	0.15	−2.640056⋯	(4, 6)
		(120, 119)	2.71842⋯		1.070598⋯	
(1, 2, 3, 3)	*UNU2AS*	(3, 4)	$3.74\overline{6}$		−2.856707⋯	
		(4, 3)	2.78	0.1	4.063561⋯	
		(20, 21)	3.28906⋯	0.15	1.319537⋯	(1, 1)
		(21, 20)	3.1283⋯		4.38682⋯	(1, 2)
(1, 2, 3, 4)	*UNUASAT*	x				
(1, 3, 2, 4)	*NASUAT*	(3, 4)	$3.16\overline{3}$	0.1	−2.115928⋯	(1, 2)
		(4, 3)	$3.36\overline{3}$	0.2	3.01285⋯	(5, 7)
		(20, 21)	3.19144⋯	0.15	−1.459108⋯	(2, 3)
		(21, 20)	3.22592⋯	0.2	−3.475988⋯	
(1, 2, 4, 4)	*UNU2AT*	(3, 4)	$3.74\overline{6}$	0.05	−1.199636⋯	
		(4, 3)	2.78	0.1	4.046871⋯	
		(20, 21)	3.28906⋯	0.15	−9.986815⋯	(1, 1)
		(21, 20)	3.1283⋯	0.2	6.670438⋯	(1, 1)

						(8, 10)
$(1, 4, 2, 4)$	*NUATUAT*	$(3, 4)$	$3.16\overline{3}$	0.1	$-2.124272\cdots$	$(1, 2)$
		$(4, 3)$	$3.36\overline{3}$		$-5.825216\cdots$	$(1, 1)$
		$(20, 21)$	$3.19144\cdots$	0.15	$-3.318996\cdots$	$(1, 2)$
		$(21, 20)$	$3.22592\cdots$		$-6.000775\cdots$	$(1, 1)$
$(1, 3, 3, 3)$	*NAS2AS*	$(3, 4)$	$4.01\overline{6}$		$-2.930125\cdots$	
		$(4, 3)$	$3.6\overline{3}$	0.2	$3.113154\cdots$	$(5, 6)$
		$(20, 21)$	$3.74203\cdots$		$-1.81293\cdots$	
		$(21, 20)$	$3.67889\cdots$	0.25	$1.145889\cdots$	$(8, 10)$
		$(120, 119)$	$3.70179\cdots$		$-5.278531\cdots$	
$(1, 3, 3, 4)$	*NASASAT*	x				
$(1, 4, 3, 3)$	*NUAT2AS*	$(3, 4)$	$4.01\overline{6}$	0.15	$-3.013574\cdots$	
		$(4, 3)$	$3.6\overline{3}$	0.1	$-5.824213\cdots$	
		$(20, 21)$	$3.74203\cdots$	0.15	$-2.041181\cdots$	
		$(21, 20)$	$3.67889\cdots$		$-5.641717\cdots$	
$(1, 3, 4, 4)$	*NAS2AT*	$(3, 4)$	$4.01\overline{6}$	0.05	$-1.20037\cdots$	
		$(4, 3)$	$3.6\overline{3}$	0.2	$1.444175\cdots$	$(8, 10)$
		$(20, 21)$	$3.74203\cdots$	0.1	$-1.148764\cdots$	
		$(21, 20)$	$3.67889\cdots$	0.15	$-3.708317\cdots$	
$(1, 4, 4, 4)$	*NUAT2AT*	$(3, 4)$	$4.01\overline{6}$	0.05	$-1.201204\cdots$	
		$(4, 3)$	$3.6\overline{3}$	0.1	$-5.840903\cdots$	
		$(20, 21)$	$3.74203\cdots$		$-1.334753\cdots$	
		$(21, 20)$	$3.67889\cdots$	0.15	$-9.361494\cdots$	
$(2, 2, 2, 2)$						
$(2, 2, 2, 3)$	*UAS2U*	x				
$(2, 2, 2, 4)$	*UAT2U*	$(3, 4)$	2.19	0.1	$7.770473\cdots$	
		$(4, 3)$	$2.77\overline{3}$		$-2.101614\cdots$	$(2, 4)$
		$(20, 21)$	$2.45059\cdots$	0.15	$8.121043\cdots$	
		$(21, 20)$	$2.54821\cdots$		$1.453224\cdots$	

$(2,2,3,3)$	$UAS2$	x				
$(2,2,3,4)$	$ASAT2U$	x				
$(2,2,4,4)$	$UAT2$	$(3,4)$	$3.04\overline{3}$	0.1	$-2.117301\cdots$	$(1,3)$
		$(20,21)$	$3.00119\cdots$	0.15	$-1.907494\cdots$	$(1,3)$
$(2,3,3,3)$	$UAS2AS$	x				
$(2,3,3,4)$	$UASASAT$	x				
$(2,4,3,3)$	$UAT2AS$	$(3,4)$	$3.89\overline{6}$	0.15	$-2.943855\cdots$	
		$(4,3)$	$3.31\overline{3}$	0.1	$-2.116298\cdots$	
		$(20,21)$	$3.55178\cdots$	0.2	$-6.296794\cdots$	
		$(21,20)$	$3.45416\cdots$	0.15	$-1.548436\cdots$	
$(2,3,4,4)$	$UAS2AT$	x				
$(2,4,4,4)$	$UAT2AT$	$(3,4)$	$3.89\overline{6}$	0.05	$-1.200507\cdots$	
		$(4,3)$	$3.31\overline{3}$	0.1	$-2.132987\cdots$	
		$(20,21)$	$3.55178\cdots$		$-1.193603\cdots$	
		$(21,20)$	$3.45416\cdots$	0.15	$-5.268213\cdots$	
$(3,3,3,3)$						
$(3,3,3,4)$	$ASAT2AS$	x				
$(3,3,4,4)$	$ASAT2$	x				
$(3,4,4,4)$	$ASAT2AT$	x				
$(4,4,4,4)$						

　　折點—擾動的起始點；返點—平順的起始點。折返點愈遠，即表擾動所帶來的影響程度愈大；由 $f-g \geq 0$，得知$(1,1)$最輕微，居同側的a_2所促成的前三項和，是比首項還靠近圓（的一種「反遠離」現象）。

　　正因為 NU 的加入，致使某些情形起變化而顯得與原本有些差異！在符合規定（維持兩個$\sum$）的前提下，平角中的重複組合也有著「局部排列」的概念在其中……包括並存（綠色；3 個）、替代（紫色；6 個）兩部分……此外，也揪出 8 個完全不能作的部分。

均衡與最佳無法兼顧的時候，以前者為重；若有最佳則總是唯一(only one)的存在！因此，儘管角度調和不以收斂見長，但在良好表現的揀選上，第一個注意到的，卻仍是 CV 值。

表 3-1-5 最佳角度調和

LV		a_0	CV_9	$c.d$
$\dfrac{\pi}{2}$	$N\dfrac{20}{29} + AS\dfrac{21}{29}$	$\dfrac{1009}{580} = 1.73965\cdots$		$-4.598222\cdots$
π	$UNU\dfrac{20}{21} + UAT\dfrac{21}{20}$	$\dfrac{46061}{16820} = 2.73846\cdots$	0.25	$4.17222\cdots$
	$NAS\dfrac{120}{169} + 2AS\dfrac{119}{169}$	$\dfrac{4466809}{1206660} = 3.70179\cdots$		$-5.278531\cdots$

第二節　梅欽型公式

為什麼可以這樣做呢？好比拓墾的成員由一變多，這塊地當然會比較快完工。分割從粗略到細緻，一如級數改單項為多項，勢必提升邁向目標的效率，也就是比原來更快的收斂速度趨近極限值。依前人發明的公式，可確保這種改變（不管幾項）是落在相同的地方（同一形狀；圓），不多不少！

如果調和型公式是建立在「合」成特別角的概念（為趨近 π），

那麼梅欽型公式便是建立在「分」割特別角的概念（為快速趨近 π）。

把 π 分割得愈細小，收斂愈好。因此，在梅欽型中應盡量尋找 π/n 的形式，且 n 愈大愈好！以相同極限值為前提，比較彼此的 CV 和 c.d 才有意義。此時，不論分成幾項或差距幾項都能加以比較。

1. U 式的案例

　　根據反正切的和公式，只要將搜尋的目標擺在具有「分子、分母差 1」的特性即可；前述的畢氏數（勾股差 1）僅爲其中一環。二者皆可得「最單純的自變數（某整數的倒數）」。

表 3-2-1 以反正切公式推演 U 梅欽型

$\dfrac{b_1 \pm b_2}{b_1 b_2 \mp 1}$	$LV = \dfrac{\pi}{4}$	a_0	CV_9	$c.d$
$2U\dfrac{1}{3} - 2U\dfrac{1}{13} = 2U\dfrac{1}{4}$	$U\dfrac{1}{2} + U\dfrac{1}{4} + U\dfrac{1}{13}$	$0.71176\cdots$	$0.2\overline{3}$	$1.369126\cdots$
$2U\dfrac{1}{3} - 2U\dfrac{1}{5} = 2U\dfrac{1}{8}$	$U\dfrac{1}{2} + U\dfrac{1}{5} + U\dfrac{1}{8}$	$0.71538\cdots$	$0.2\overline{3}$	1.369123
$\dfrac{3+4}{3\cdot 4 - 1} = \dfrac{7}{11}$	$U\dfrac{1}{2} + U\dfrac{1}{7} + U\dfrac{2}{11}$	0.716	$0.2\overline{3}$	$1.369123\cdots$
$\dfrac{11\cdot 1 + 1(-7)}{11\cdot 1 - 1(-7)} = \dfrac{4}{18} = \dfrac{2}{9}$	$U\dfrac{1}{3} + U\dfrac{1}{4} + U\dfrac{2}{9}$	$0.74705\cdots$	$0.3\overline{6}$	$9.002337\cdots$
$\dfrac{4+x}{4x-1} = \dfrac{2}{9}$ $x = -38$	$U\dfrac{1}{3} + 2U\dfrac{1}{4} - U\dfrac{1}{38}$	$0.74429\cdots$	$0.3\overline{6}$	$9.032569\cdots$
$\dfrac{14\cdot 1 + 14\cdot 1}{14\cdot 14 - 1\cdot 1} = \dfrac{28}{195}$ $\dfrac{7(-28) + 195\cdot 1}{7\cdot 195 - (-28)\cdot 1} = \dfrac{-1}{1393}$	$\begin{aligned}\dfrac{\pi}{4} &= 2U\dfrac{1}{3} + 2U\dfrac{1}{14} - U\dfrac{1}{1393} \\ &= 2U\dfrac{1}{3} + 2U\dfrac{1}{14} + \left(U\dfrac{1}{7} - 2U\dfrac{1}{14}\right) \\ &= 2U\dfrac{1}{3} + U\dfrac{1}{7}\end{aligned}$			

$$\frac{\pi}{4} = 2U\frac{2}{5} + U\frac{1}{41} = 2U\frac{3}{7} - U\frac{1}{41} = 2U\frac{7}{17} + U\frac{1}{239} = 2U\frac{5}{12} - U\frac{1}{239}$$

取三位數學家（在 CV 較為突出）的幾個成果，透過安排來到一分為四，意外的發現那麼一點點驚艷！以下就結合後的情形陳述，各項係數以序對呈現。

表 3-2-2 對 U 梅欽型一分為四的觀察

$C_1^4 = 4$	$LV = \pi$	a_0	CV_9	
1	$4\left(12U\frac{1}{18} + 8U\frac{1}{57} - 5U\frac{1}{239}\right)$	$0.784\cdots$	$0.8\overline{3}$	$Gauss, 1863$
2	$4\left(5U\frac{1}{8} + 2U\frac{1}{18} + 3U\frac{1}{57}\right)$	$0.77876\cdots$	0.6	$Schellbach, 1832$
3	$4\left(6U\frac{1}{8} + 2U\frac{1}{57} + U\frac{1}{239}\right)$	$0.77772\cdots$	0.6	$Stormer, 1896$
4	$4\left(8U\frac{1}{8} - 4U\frac{1}{18} + 3U\frac{1}{239}\right)$	$0.77562\cdots$	0.6	$Stormer, 1896$
$C_2^4 = 6$	$LV = \pi$	a_0	CV_9	$c.d$
$(1, 2)$	$2(5, 14, 11, -5)$	$1.56277\cdots$	0.45	$1.253816\cdots$
$(1, 3)$	$4(3, 6, 5, -2)$	$0.78086\cdots$	0.475	$7.522898\cdots$
$(1, 4)$	$4(4, 4, 4, -1)$	$0.77981\cdots$	0.45	$1.003053\cdots$
$(2, 3)$	$2(11, 2, 5, 1)$	$1.55649\cdots$	0.45	$2.758396\cdots$
$(2, 4)$	$2(13, -2, 3, 3)$	$1.55439\cdots$	0.45	$3.259922\cdots$
$(3, 4)$	$4(7, -2, 1, 2)$	$0.77667\cdots$	0.45	$1.755342\cdots$
$C_4^4 = 1$				
$(1, 2, 3, 4)$	$(19, 10, 13, -1)$	$3.11612\cdots$	0.45	$4.764502\cdots$
$H_4^4 = 35$				
$(1, 1, 1, 1)$				
$(1, 1, 1, 2)$	$(5, 38, 27, -15)$	$3.13077\cdots$	0.45	$1.253816\cdots$
$(1, 1, 1, 3)$	$2(3, 18, 13, -7)$	$1.56486\cdots$	0.475	$7.5229002\cdots$

$(1,1,1,4)$	$4(2,8,6,-3)$	$0.7819\cdots$	0.475	$5.015266\cdots$
$(1,1,2,2)$	$2(5,14,11,-5)$	$1.56277\cdots$	0.45	$1.253816\cdots$
$(1,1,2,3)$	$(11,26,21,-9)$	$3.12449\cdots$	0.45	$2.758396\cdots$
$(1,1,2,4)$	$(13,22,19,-7)$	$3.1224\cdots$	0.45	$3.259922\cdots$
$(1,1,3,3)$	$4(3,6,5,-2)$	$0.78086\cdots$	0.475	$7.522898\cdots$
$(1,1,3,4)$	$2(7,10,9,-3)$	$1.56067\cdots$	0.45	$1.755343\cdots$
$(1,1,4,4)$	$4(4,4,4,-1)$	$0.77981\cdots$	0.45	$1.003053\cdots$
$(1,2,2,2)$	$(15,18,17,-5)$	$3.12031\cdots$	0.45	$3.761449\cdots$
$(1,2,2,3)$	$4(4,4,4,-1)$	$0.77981\cdots$	0.45	$1.003053\cdots$
$(1,2,2,4)$	$2(9,6,7,-1)$	$1.55858\cdots$	0.45	$2.256869\cdots$
$(1,2,3,3)$	$(17,14,15,-3)$	$3.11821\cdots$	0.45	$4.262975\cdots$
$(1,2,3,4)$	$(19,10,13,-1)$	$3.11612\cdots$	0.45	$4.764502\cdots$
$(1,2,4,4)$	$(21,6,11,1)$	$3.11403\cdots$	0.45	$5.266028\cdots$
$(1,3,3,3)$	$2(9,6,7,-1)$	$1.55858\cdots$	0.45	$2.256869\cdots$
$(1,3,3,4)$	$4(5,2,3,0)$	$0.77876\cdots$	0.6	$1.253816\cdots$
$(1,3,4,4)$	$2(11,2,5,1)$	$1.55649\cdots$	0.45	$2.758396\cdots$
$(1,4,4,4)$	$4(6,0,2,1)$	$0.77772\cdots$	0.6	$1.504579\cdots$
$(2,2,2,2)$				
$(2,2,2,3)$	$(21,6,11,1)$	$3.11403\cdots$	0.45	$5.266028\cdots$
$(2,2,2,4)$	$(23,2,9,3)$	$3.11193\cdots$	0.45	$5.767555\cdots$
$(2,2,3,3)$	$2(11,2,5,1)$	$1.55649\cdots$	0.45	$2.758396\cdots$
$(2,2,3,4)$	$4(6,0,2,1)$	$0.77772\cdots$	0.6	$1.504579\cdots$
$(2,2,4,4)$	$2(13,-2,3,3)$	$1.55439\cdots$	0.45	$3.259922\cdots$
$(2,3,3,3)$	$(23,2,9,3)$	$3.11193\cdots$	0.45	$5.767555\cdots$
$(2,3,3,4)$	$(25,-2,7,5)$	$3.10984\cdots$	0.45	$6.269081\cdots$
$(2,3,4,4)$	$(27,-6,5,7)$	$3.10774\cdots$	0.45	$6.770608\cdots$
$(2,4,4,4)$	$(29,-10,3,9)$	$3.10565\cdots$	0.45	$7.272134\cdots$
$(3,3,3,3)$				
$(3,3,3,4)$	$2(13,-2,3,3)$	$1.55439\cdots$	0.45	$3.259922\cdots$

(3, 3, 4, 4)	4(7, −2, 1, 2)	0.77667⋯	0.45	1.755342⋯
(3, 4, 4, 4)	2(15, −6, 1, 5)	1.5523⋯	0.45	3.761449⋯
(4, 4, 4, 4)				
同欄中的同色，是因等值而重複的情形。				

表 3-2-3 對 U 一分為四(pi/4)係數之規律

⋯					
−2	16	10	−7	$\frac{\pi}{4}$	$-2U\frac{1}{8}+16U\frac{1}{18}+10U\frac{1}{57}-7U\frac{1}{239}$
−1	14	9	−6		$-U\frac{1}{8}+14U\frac{1}{18}+9U\frac{1}{57}-6U\frac{1}{239}$
0	12	8	−5		$12U\frac{1}{18}+8U\frac{1}{57}-5U\frac{1}{239}$
1	10	7	−4	a_0	0.78609⋯ 0.78504⋯(1,1) 0.784002⋯
2	8	6	−3	CV_9	$\left(0.475, 0.475, 0.8\overline{3}\right)$
3	6	5	−2	$c.d$	$(-5.015263\cdots, -2.507631\cdots, 1.370247\cdots)$
4	4	4	−1		
5	2	3	0		
6	0	2	1		
7	−2	1	2		
8	−4	0	3		
9	−6	−1	4		
⋯					

　　綠色部分為體制內填補，體制外（粗線外側）則為類推，以紫色為界限（擾動；圓的內、外居兩側），得知居圓外側的高斯對應公式—GU(−2, 16, 10, −7)—也是平順中的最佳收斂！

無窮級數的一般式，由單項分爲多項，固然可提高收斂，但項數愈多，也提高計算的複雜過程……因此，新開發的一分爲四，除了因緣際會爲一遞減級數，還得顧及其 CV 不能小於或等於原始單項。

2. NU 式的案例

　　由圓內接歐拉公式(U)，結合圓外切公式(AT)所導出，本身亦爲反正切函數，也能直接獲取牛頓表達式，故曰「牛頓‧歐拉公式(NU)」。在 NU 中，略去 $\sqrt{3}$ 的自變數分母規律，依然跟勾股差 1 的畢氏數有關。

表 3-2-4 以反正切公式推演 NU 梅欽型

	第一組		第二組		第三組		第四組		...	第 n 組	...
分子	$\frac{1}{5}$	1	13	11	71	69	409	407		$2(3a_{n+1}-2)-a_n$	
			a_1		a_2						
分母	3	4	20	21	119	120	696	697			
	b_0		b_1		b_2						
首項	$\frac{1}{26}$	$\frac{1}{7}$	$\frac{13}{37}$	$\frac{11}{38}$	$\frac{71}{218}$	$\frac{69}{219}$	$\frac{409}{1273}$	$\frac{407}{1274}$		$\frac{a_n}{2b_n-b_{n-1}}$	

$$\frac{\pi}{6} = 4NU\frac{1}{4\sqrt{3}} - NU\frac{239}{2769\sqrt{3}} = 4N\frac{1}{7} - N\frac{239}{4802}$$

　　在 U 梅欽型中「勾股差 1 的畢氏數」，與 NU 梅欽型中「自變數分母」有關。在 NU 梅欽型中「自變數所得首項」，可作爲 N 梅欽型中「自變數」的來源依據。

表 3-2-5 於 NU 中畢氏數相關的「等量不等值」

	$NU\dfrac{407}{697\sqrt{3}} = 2NU\dfrac{1}{4\sqrt{3}} + NU\dfrac{1}{15\sqrt{3}}$	
$\dfrac{\pi}{6}$	$2NU\dfrac{407}{697\sqrt{3}} - NU\dfrac{51287}{232392\sqrt{3}}$	$4NU\dfrac{1}{4\sqrt{3}} + 2NU\dfrac{1}{15\sqrt{3}}$ $- NU\dfrac{51287}{232392\sqrt{3}}$
a_0	$0.51253\cdots$	$0.52195\cdots$
CV_9	0.6	$0.6\overline{3}$
$c.d$	$7.215035\cdots$	$6.001075\cdots$
	$5NU\dfrac{1}{15\sqrt{3}} + NU\dfrac{407}{697\sqrt{3}}$ $+ NU\dfrac{2874793}{273097385\sqrt{3}}$	$2NU\dfrac{1}{4\sqrt{3}} + 6NU\dfrac{1}{15\sqrt{3}}$ $+ NU\dfrac{2874793}{273097385\sqrt{3}}$
	$0.51785\cdots$	$0.52256\cdots$
	0.4	$0.6\overline{3}$
	$3.607517\cdots$	$3.058766\cdots$

表 3-2-6 對 NU 一分為三(pi/6)係數之規律

$$\frac{\pi}{6} = aNU\frac{1}{4\sqrt{3}} + bNU\frac{1}{15\sqrt{3}} \pm NU\frac{y}{x}$$

A		D		A		D	
a	b						
...							
−1	17	−1	19				
0	16	0	18				
0	14	0	16	−2	18		
1	13	1	15	−1	17	−1	19
1	11	2	14	−1	15	0	18
2	10	2	12	−1	13	1	15
2	8	3	11	0	12	2	12
3	7	3	9	1	9	3	9
3	5	3	7	2	6	4	6
4	4	4	6	3	3	5	3
4	2	4	4	4	0	6	0
5	1	5	3	5	−3	7	−3
5	−1	5	1	6	−6		
6	−2	6	0				
6	−4	6	−2				
6	−6	6	−4				
...							

　　為使所求不帶根號，故(a,b)不作奇偶配對。圓的內外之間，似是存在某種「交錯式銜接（綠色部分，依規律應為遞增(A)，實為遞減(D)，且沒有擾動）」。紫色為擾動，藍色則是勾股式中，連加狀態的極致表現！

表 3-2-7 最佳 NU 梅欽型

	股式	勾式
$\dfrac{\pi}{6}$	$2NU\dfrac{1}{4\sqrt{3}}+NU\dfrac{23}{55\sqrt{3}}$	$14NU\dfrac{1}{15\sqrt{3}}-NU\dfrac{59041140434567}{2272989730611688\sqrt{3}}$
	$4NU\dfrac{1}{4\sqrt{3}}-NU\dfrac{239}{2769\sqrt{3}}$	$16NU\dfrac{1}{15\sqrt{3}}$ $-NU\dfrac{1221814022039975039}{765111922109620351\sqrt{3}}$
	$6NU\dfrac{1}{4\sqrt{3}}-NU\dfrac{77689}{128231\sqrt{3}}$	$18NU\dfrac{1}{15\sqrt{3}}$ $-NU\dfrac{37802584518836251969}{128004998358941216351\sqrt{3}}$
a_0	$(0.52\cdots,0.521\cdots,0.526\cdots)$	$(0.52346\cdots,0.52357\cdots(1,1),0.52422\cdots)$
CV_9	$(0.75,0.95,0.6)$	$(1.5,1.15,0.9)$
$c.d$	$(5.31\cdots,6.11\cdots,-7.25\cdots)$	$(2.270007\cdots,-1.404405\cdots,-4.681052\cdots$

勾股式
$NU\dfrac{1}{4\sqrt{3}}+9NU\dfrac{1}{15\sqrt{3}}+NU\dfrac{5048543821}{85665574509\sqrt{3}}$
$12NU\dfrac{1}{15\sqrt{3}}+NU\dfrac{2884621461121}{26850710980801\sqrt{3}}$
$-NU\dfrac{1}{4\sqrt{3}}+15NU\dfrac{1}{15\sqrt{3}}+NU\dfrac{64322214691529077}{412060593785495765\sqrt{3}}$
$(0.52301\cdots,0.52344\cdots,0.52382\cdots)$
$\left(0.6\overline{3},1.35,0.6\overline{3}\right)$
$(1.529383\cdots,3.564349\cdots,-1.529295\cdots)$

　　依梅欽型的初衷：就 CV 來講，是得超過單項的 0.8。然而，能夠確實達標的並不多；這或許跟原始單項本就不錯有關。

第四章 π的實作

於形：圓，乃一封閉空間；
於數：π，既是無理數，又是超越數。

尺規，意在表達圓與直線之間的關係。

古希臘人於幾何方面的理念：平面作圖，只允許使用圓規和沒有刻度的直尺。這一份堅持，至公元前三世紀的希臘數學家歐幾里得（Euclid，一說與阿基米德亦師亦友）可謂集大成，並在其著作《原本(The Elements)》中規定：

1) 兩點之間可以連結一條直線；
2) 直線可以無限延伸；
3) 以任意點爲中心，任意長爲半徑，可作圓。

運用直尺和圓規，以「有限的次數」爲原則，在過程中可多元施展作圖技巧。

十七世紀法國數學家笛卡兒(Descartes)發明直角座標，使負數獲得幾何表達，即爲「解析幾何」，進而證明自古希臘以來的幾何三大難題實爲不可能。爾後，許多幾何問題皆可轉化爲代數問題來研究。

十八世紀德國數學家高斯(Gauss)將複數融入解析幾何，就是在複數平面上：以等分圓理解代數；以代數尺規正多邊形。不僅展現虛數「$i = \sqrt{-1}$」在幾何中的作用，而且因他大力推廣而使得相關符號逐漸普及。

依 cos 值求得落在圓上的解，不僅是「圓內接正多邊形的頂點」，而且是「圓外切正多邊形與圓之切點（邊的中點）」，二者即爲「對偶」之關聯。

經筆者主觀的認定和規劃：正 17 和正 257 皆取最後一組。由過程中的查驗，很幸運的都在實作上具體可行—正 257 是僅僅就開頭幾個數據較爲單純的部分示範，其後按表循序類推即可—而這也對於筆者的理念（一和二積）起了莫大的鼓舞作用！

第一節　高斯平面與等分圓

當代數基本定理尚未成熟之際，假使在數線上呈現：

$$\cdots\cdots, \sqrt{-3}, \sqrt{-2}, \sqrt{-1}, \sqrt{0}, \sqrt{1}, \sqrt{2}, \sqrt{3}, \cdots\cdots$$

開平方根，對於數字之如此「公平對待」，著實令人感到不可思議，並且以爲錯誤（平方之後，怎麼可能是負的）而嗤之以鼻；像這般直接、務實的認知，無異否定了正三角形、正五邊形的存在，但實際上他們是「畫」得出來的！

表 4-1-1 等分圓理論

代數基本定理：對於 n 次方程式，恰有 n 個複數根。
等分圓方程式：取半徑爲 r 的圓，作 n 等分。
假設 T，爲圓上的任意等分點。 if $T^n = r^n$, then $T^n - r^n = 0$; $\therefore (T-r)(T^{n-1}r^0 + T^{n-2}r^1 + \cdots + T^0 r^{n-1}) = 0$
依公式求解方程式中的所有根，而實根只有一個$(T = r)$，固定爲基準點； if $r = 1$, then $(T-1)(T^{n-1} + T^{n-2} + \cdots + T + 1) = 0$ $\therefore T - 1 = 0 \ or \ T^{n-1} + T^{n-2} + \cdots + T + 1 = 0$

基準點固定為 $T_0(1,0)$，位於高斯平面中的實軸 x，而其

複數形式 $T_0 = 1 + 0i = 1\left(\dfrac{1}{1} + \dfrac{0i}{1}\right) = \cos(0 \cdot 2\pi) + \sin(0 \cdot 2\pi)\,i$

極座標形式 $T_k = r(\cos 2k\pi + i \sin 2k\pi)$

虛根的數量一多得透過分組。唯一實根不參與分組（沒有尺規步驟，直接定位），故在極式的表達顯得單純；如欲確實表達虛根，那麼得進一步理解「棣美弗定理」，也就是當 T 有（1 以外的）乘方的時候。

若將一個圓作 $n(= k + 1)$ 等分（角度的起始，不動的基準點，扮演著「頭尾疊合 $(T_0 = T_n)$」的角色；在角度增幅上，其乘方為 k），則每個等分弧為 $\theta = 2\pi/n$，故基於對上述的認知（且根據棣美弗定理）可理解為

$$T^n = r^n(\cos\theta + i\sin\theta)^k = r^n(\cos k\theta + i \sin k\theta)$$

$$\therefore T_k = r\left(\cos\frac{2k\pi}{n} + i\sin\frac{2k\pi}{n}\right)$$

方程式中 T 有 n 個解，即 T_k。

$$T^{n-1} + T^{n-2} + \cdots + T = T_k + T_{k-1} + \cdots + T_2 + T_1 = -1$$

已知「$\cos k\theta = \cos(n - k)\theta$」而當取單位圓之際

$$\left(\cos\frac{2k\pi}{n} + i\sin\frac{2k\pi}{n}\right) + \left(\cos\frac{2(k-1)\pi}{n} + i\sin\frac{2(k-1)\pi}{n}\right) + \cdots$$

$$+ \left(\cos\frac{4\pi}{n} + i\sin\frac{4\pi}{n}\right) + \left(\cos\frac{2\pi}{n} + i\sin\frac{2\pi}{n}\right) = -1 + 0i$$

$$\cos\frac{2\pi}{n} + \cos\frac{4\pi}{n} + \cdots + \cos\frac{2(k-1)\pi}{n} + \cos\frac{2k\pi}{n} = -1$$

$$\therefore \cos\frac{2\pi}{n} + \cos\frac{4\pi}{n} + \cdots + \cos\frac{(k-2)\pi}{n} + \cos\frac{k\pi}{n} = \frac{-1}{2}$$

固定以之作為一元二次方程式的兩根（假設為 α, β）之和

所以作圖方程式為「$x^2 + \dfrac{x}{2} + \alpha\beta = 0$」，可定出繪製起始點 $\left(\dfrac{-1}{2}, \alpha\beta\right)$。

不論是哪幾個（至少一個）等分點，都可能是作圖過程中待尋找的對象。根據上述的理論，已知圓周為 2π 弧度，如以單位圓看待 $r\cos k\theta = r\cos(2k\pi/n)$，那麼便是以位於 x 軸上的 $\cos(2k\pi/n)$ 值為目標了。

1. 分組揀擇及作圖步驟

能通曉「分組規則」：先作全圓處理，待分組確立，再行針對上半圓即可。

表 4-1-2　正 5, 17, 257 的分組內涵

圖形	分組程序		分組意義	取用組序
正 5	一度分組	$2^2 = 4$	全圓看，有 1 組	$1(1,2)$
正 17	一度分組	$2^3 = 8$	全圓看，有 2 組	
	二度分組	$2^2 = 4$	半圓看，有 4 組	$4(6,7)$
正 257	四度分組	$2^4 = 16$		
	六度分組	$2^2 = 4$		$64(86,91)$

依奇(L)、偶(R)作分組配對。以 3^k 為被除數，17 為除數；商為 0 不更動。

表 4-1-3　正 17 的分組配對

k	0	1	2	3	4	5	6	7	8	9	10	11	12	13	14	15
$3^k (mod\ 17)$	1	3	9	10	13	5	15	11	16	14	8	7	4	12	2	6
1L	1	9	13	15	16	8	4	2								
1R	3	10	5	11	14	7	12	6								
2LL	1	13	16	4												
2LR	9	15	8	2												
2RL	3	5	14	12												
2RR	10	11	7	6												

取上半圓的等分點 $T_1 \sim T_8$ 來看，分兩次（二度分組）即可獲取(T_7, T_6)。同理，以 3^k 對 257 同餘，分六次即可獲取(T_{91}, T_{86})。習慣是以上半圓、逆時針來排列等分點，由小到大認知組別，例如：(T_1, T_4)、(T_2, T_8)、(T_3, T_5)、(T_6, T_7)等四組。

表 4-1-4 作圖步驟目標明細

		正 3	正 5	正 17		正 257	意義
理論步驟		1	2	7	5	112	計算直徑端點得解
實作步驟	應用	1	3	14	10	160	畫圓交於 x 軸得解
	標的	1	5	16	12	179	取得一個弧 $T_0 T_1$
	完全	1	5	28	24	414	示現所有等分點
藍色數字爲經簡化後的步驟，亦爲文中繪圖示範的重點特色之一。							

2. 「一和二積」座標定位

一和二積（分列 x、y 座標），其靈感來自對正 17 邊形作法簡化，從而向前、向後各延伸一個圖形。內涵是以「一元二次方程式」的兩根之和、積定位座標，循序漸進，進而求取成對的解（等分弧）。

表 4-1-5 一和二積等值分布

對應組序	一和 = 二積		值	座標
$(1, 4)$	$\cos \dfrac{2\pi}{17} + \cos \dfrac{8\pi}{17}$	$2\cos \dfrac{12\pi}{17} \cos \dfrac{14\pi}{17}$	$1.024\cdots$	y
$(2, 3)$	$\cos \dfrac{4\pi}{17} + \cos \dfrac{16\pi}{17}$	$2\cos \dfrac{6\pi}{17} \cos \dfrac{10\pi}{17}$		
$(3, 1)$	$\cos \dfrac{6\pi}{17} + \cos \dfrac{10\pi}{17}$	$2\cos \dfrac{2\pi}{17} \cos \dfrac{8\pi}{17}$		

$(4,2)$	$\cos\dfrac{12\pi}{17}+\cos\dfrac{14\pi}{17}$	$2\cos\dfrac{4\pi}{17}\cos\dfrac{16\pi}{17}$	$-1.452\cdots$	x
$(64,57)$	$\cos\dfrac{172\pi}{257}+\cos\dfrac{182\pi}{257}$	$2\cos\dfrac{80\pi}{257}\cos\dfrac{252\pi}{257}$	$-1.115\cdots$	x
$(60,64)$	$\cos\dfrac{10\pi}{257}+\cos\dfrac{160\pi}{257}$	$2\cos\dfrac{172\pi}{257}\cos\dfrac{182\pi}{257}$	$0.616\cdots$	y
藍色部分即爲筆者欲探尋的組別，也是最能符合理念（一和二積）之處。				

表 4-1-6 一和二積之於層次

正 5—1 層—於起始定位點的 y 座標加工
正 17—3 層—c~a；x,y 於 b 層各自處理
正 257—7 層—g~a；b 層前有取捨的 c 層
g~d 層全包：不論組別，必取（1,2,4,8 部）
c 層取捨：指向目標分組（3＋3 部）
b 層分進：一和點；二積點（1＋1 部）
a 層合擊：一和二積點（1 部，組成點座標）

c 層取捨之規律								
第一組				...			第 16 組	
積部	和部						和部	積部
9	1	2	3	...	14	15	16	8
10	2	3	4		15	16	1	9
16	8	9	10		5	6	7	15

第二節　費馬質數與尺規作圖

理念：

1. 作圖方程式—即圓與直線的初解，亦為起始繪製的依據
2. 一和二積—於最終層a落在座標點（一和，二積）＝(x, y)，進而得解
3. 獨力作業，可達正257而無庸置疑

表 4-2-1 費馬質數作圖分析

$\left(k, 2^{2^k}+1\right)$	分組	組運用	作圖方程式	得 T_1	特色
$(0, 3)$			$x^2 + \dfrac{x}{2} - \dfrac{1}{2} = 0$		作圖之始
$(1, 5)$	一組	(T_1, T_2)	$x^2 + \dfrac{x}{2} - \dfrac{1}{4} = 0$	直接有	分組之始
$(2, 17)$	四組	(T_7, T_6)	$x^2 + \dfrac{x}{2} - 1 = 0$	向右勾勒 5 次	分進合擊
$(3, 257)$	64 組	(T_{91}, T_{86})	$x^2 + \dfrac{x}{2} - 16 = 0$	向右勾勒 17 次	取捨分進

所謂「一坪」，是大約邊長 180 公分的正方形面積；

以十倍單位圓半徑，同步放大其他，不難發現圖形被限制在此範圍之內。

成果的弧數（5 個）相當於一個指幅（約 1.5cm）寬。

作圖要領：先給出基準點（拉出垂直線），再把長度合起來，最後折半。

　不論演算或作圖，兩根之和（x 座標）務必加入負號「$-(\alpha + \beta)$」平衡；若遭逢負值則為反方向操作（減去）。

　　點 O, C 的中點 $(0, 1/2)$，已於繪製正 4 時獲取，故與 O, C 同為已知點。

一和二積座標定位：1（通過正根 b_{16} 之垂直線 L）＋1（於 L 上取負根 b_8）

根據弧數得 T_1（弧餘數 = 1）與基準點 T_0 成一等分弧。正 257 中的第 64 組，是小組弧餘數$(3, 5, 7, 1)$中唯一具有實作意義的部分。

大致說來，可根據點的編號$(A, B, C, \cdots \cdots)$來窺探繪圖順序。步驟基本是採「順勢而為」的原則，意在避免直尺、圓規於使用過程中因交替頻繁而顯雜亂；操作者一旦熟知程序，當能依照自己的習慣加以變通。

1. 正 3, 4, 5, 6 邊形（兩全圓）

在一元二次方程式 $ax^2 + bx + c = 0$ 中，其解 $x = (-b \pm \sqrt{b^2 - 4ac})/2a$
當中的判別式：
取 $+\sqrt{b^2 - 4ac}$ 為正根；取 $-\sqrt{b^2 - 4ac}$ 為負根。

表 4-2-2 正 3, 4, 5 作圖起始點座標

設 $x^2 - (\alpha + \beta)x + \alpha\beta = 0$，又設正根 α，負根 β				
		步驟	形成	尺規意義
β	$A(-1, 0)$	1	正 3	第一垂直線 CD$(x = -1/2)$（圓 A）
α	$F\left(\dfrac{-1}{2}, \dfrac{1}{2}\right)$	1	正 4	第二垂直線 GO（y 軸）
$a_{1,2}$	$I\left(\dfrac{-1}{2}, 2\left(\dfrac{-1}{4}\right)\right)$	1	正 5	一和二積點（圓 K）

已知點 C,D，依 x 軸作上下對稱。中心為原點，半徑為 1 的圓，作 n 等分。

圖 4-2-1 正 3, 4, 5, 6 邊形（一和二積點 I；垂直 LM 成一弧）

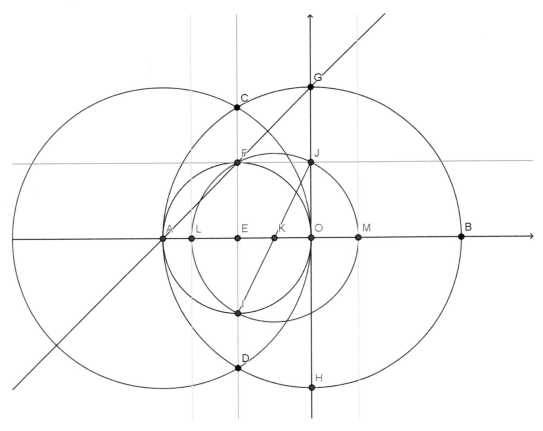

確立 GO 為第二垂直線（y 軸），並且點 G, H 依 x 軸作上下對稱。

正 n 邊形尺規作圖，是以正 3,4 為基礎，而直角座標於此確立。

2. 正 17 邊形（四半圓）

表 4-2-3 正 17 作圖演進於一和二積點

設 $x^2 - (\alpha + \beta)x + \alpha\beta = 0$，又設正根 α，負根 β			
$x^2 + \dfrac{x}{2} - 1 = 0$			
α, β	$(\alpha + \beta, \alpha\beta)$	理論步驟	尺規意義

c_1, c_2	$D\left(\dfrac{-1}{2}, -1\right)$		$1+1$	2	起始點 D（半圓 E）
$-b_4$	$\left(c_2, \dfrac{-1}{4}\right)$	$F(c_2, 0)$	1	$+1$　3	一和點 J（半圓 G）
$+b_1$	$\left(c_1, \dfrac{-1}{4}\right)$	$I(0, c_1)$	1		二積點 K（半圓 H）
$a_{6,7}$	$\left(\cos\dfrac{12\pi}{17} + \cos\dfrac{14\pi}{17},\ 2\cos\dfrac{12\pi}{17}\cos\dfrac{14\pi}{17}\right)$		$1+1$	2	一和二積點 L（半圓 N）
簡化 b 層$(1,1)+1$ 中的步驟，是改 $y = -1/4$ 爲 $y = 1/2$ 作爲對應新物件。					

圖 4-2-2 正 17 邊形（一和二積點 L；垂直 PQ 成一弧）

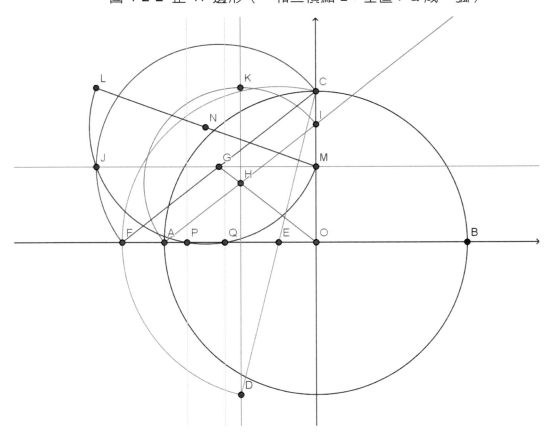

　　最後一組爲一個弧的最直接獲取，亦爲一和二積精髓（步驟最佳化）之所在！

3. 正 257 邊形（一坪內）

表 4-2-4 正 257 作圖演進於一和二積點

層次：1 + 2 + 4 + 8 + 6 + 2 + 1 = 24；起始步驟「1」即為過 x 座標作垂直線				
設 $x^2 - (\alpha + \beta)x + \alpha\beta = 0$，又設正根 α，負根 β				
$x^2 + \dfrac{x}{2} - 16 = 0$				
α, β	$(\alpha + \beta, \alpha\beta)$	理論步驟		尺規意義
g_1, g_2	$\left(\dfrac{-1}{2}, -16\right)$	1 + 1	2	起始點 D（圓 E）
f_1, f_3	$(g_1, -4)$	1	3	
f_2, f_4	$(g_2, -4)$	1 +1		
e_1, e_5	$\left(f_1, \dfrac{5(g_1 + g_2) - g_1 - 2f_1}{2}\right)$	1 + 5	19	
e_6, e_2	$\left(f_2, \dfrac{5(g_1 + g_2) - g_2 - 2f_2}{2}\right)$	1 + 4		
e_3, e_7	$\left(f_3, \dfrac{5(g_1 + g_2) - g_1 - 2f_3}{2}\right)$	1 + 3		
e_8, e_4	$\left(f_4, \dfrac{5(g_1 + g_2) - g_2 - 2f_4}{2}\right)$	1 + 3		
d_1, d_9	$\left(e_1, \dfrac{g_1 + e_1 + e_3 + 2e_6}{2}\right)$	1 + 5	48	
d_2, d_{10}	$\left(e_2, \dfrac{g_2 + e_2 + e_4 + 2e_7}{2}\right)$	1 + 5		
d_3, d_{11}	$\left(e_3, \dfrac{g_1 + e_3 + e_5 + 2e_8}{2}\right)$	1 + 5		
d_4, d_{12}	$\left(e_4, \dfrac{g_2 + e_4 + e_6 + 2e_1}{2}\right)$	1 + 5		

d_5, d_{13}	$\left(e_5, \dfrac{g_1 + e_5 + e_7 + 2e_2}{2}\right)$	$1+5$		
d_6, d_{14}	$\left(e_6, \dfrac{g_2 + e_6 + e_8 + 2e_3}{2}\right)$	$1+5$		
d_{15}, d_7	$\left(e_7, \dfrac{g_1 + e_7 + e_1 + 2e_4}{2}\right)$	$1+5$		
d_8, d_{16}	$\left(e_8, \dfrac{g_2 + e_8 + e_2 + 2e_5}{2}\right)$	$1+5$		
$-c_{16}$	$\left(d_{16}, \dfrac{d_{16} + d_1 + d_2 + d_5}{2}\right)$	$1+4$		
$+c_1$	$\left(d_1, \dfrac{d_1 + d_2 + d_3 + d_6}{2}\right)$	$1+4$		
$+c_7$	$\left(d_7, \dfrac{d_7 + d_8 + d_9 + d_{12}}{2}\right)$	$1+4$		
$+c_8$	$\left(d_8, \dfrac{d_8 + d_9 + d_{10} + d_{13}}{2}\right)$	$1+4$	30	
$+c_9$	$\left(d_9, \dfrac{d_9 + d_{10} + d_{11} + d_{14}}{2}\right)$	$1+4$		
$-c_{15}$	$\left(d_{15}, \dfrac{d_{15} + d_{16} + d_1 + d_4}{2}\right)$	$1+4$		
$+b_{16}$	$\left(c_{16}, \dfrac{c_1 + c_7}{2}\right)$	$1+3$	8	一和
$-b_8$	$\left(c_8, \dfrac{c_9 + c_{15}}{2}\right)$	$1+3$		二積
$a_{86,91}$	$\left(\cos\dfrac{172\pi}{257} + \cos\dfrac{182\pi}{257},\, 2\cos\dfrac{172\pi}{257}\cos\dfrac{182\pi}{257}\right)$	$1+1$	2	一和二積

直徑中點、畫圓：歷經 $112 + 2(1 + 2 + 4 + 8 + 6 + 2 + 1) = 160$ 應用步驟

圖 4-2-3 正 257 初二層（一組 g，兩組 f）

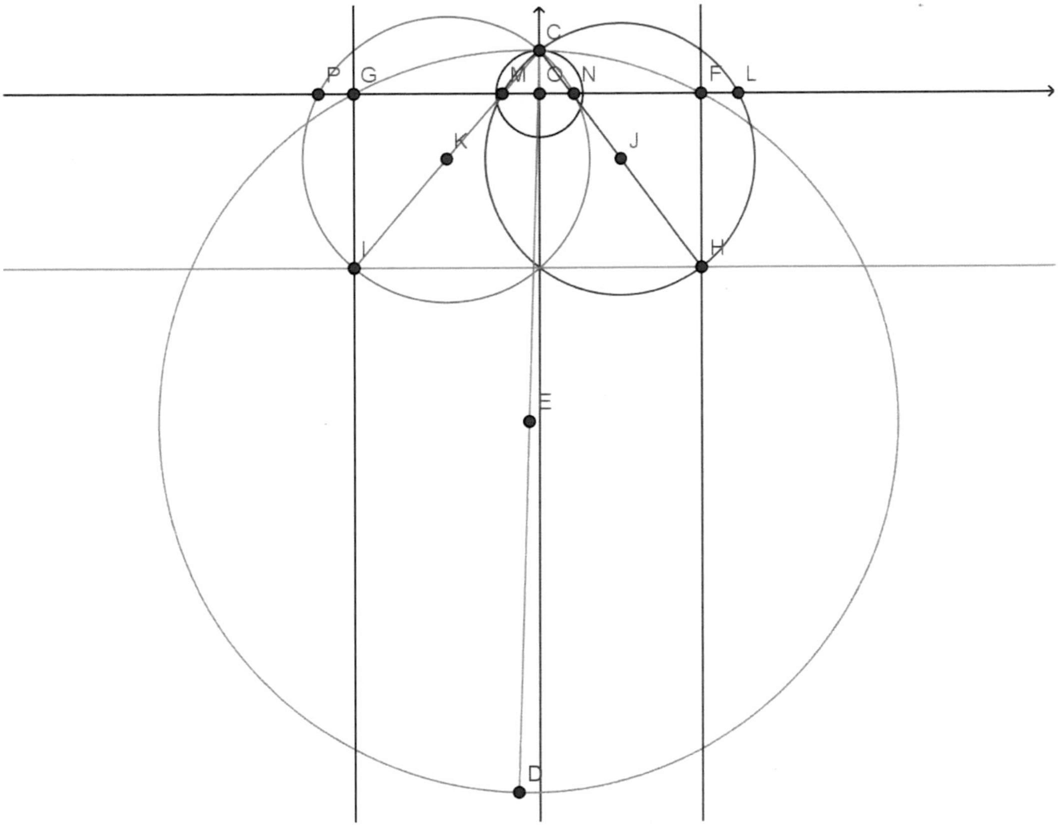

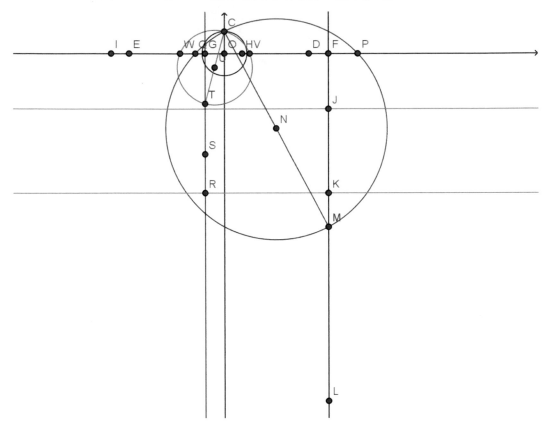

圖 4-2-4 正 257 第三層中四組之一的 (e_1, e_5)

圖 4-2-5 正 257 最終層（一和二積點 E；垂直 GH 成五弧）

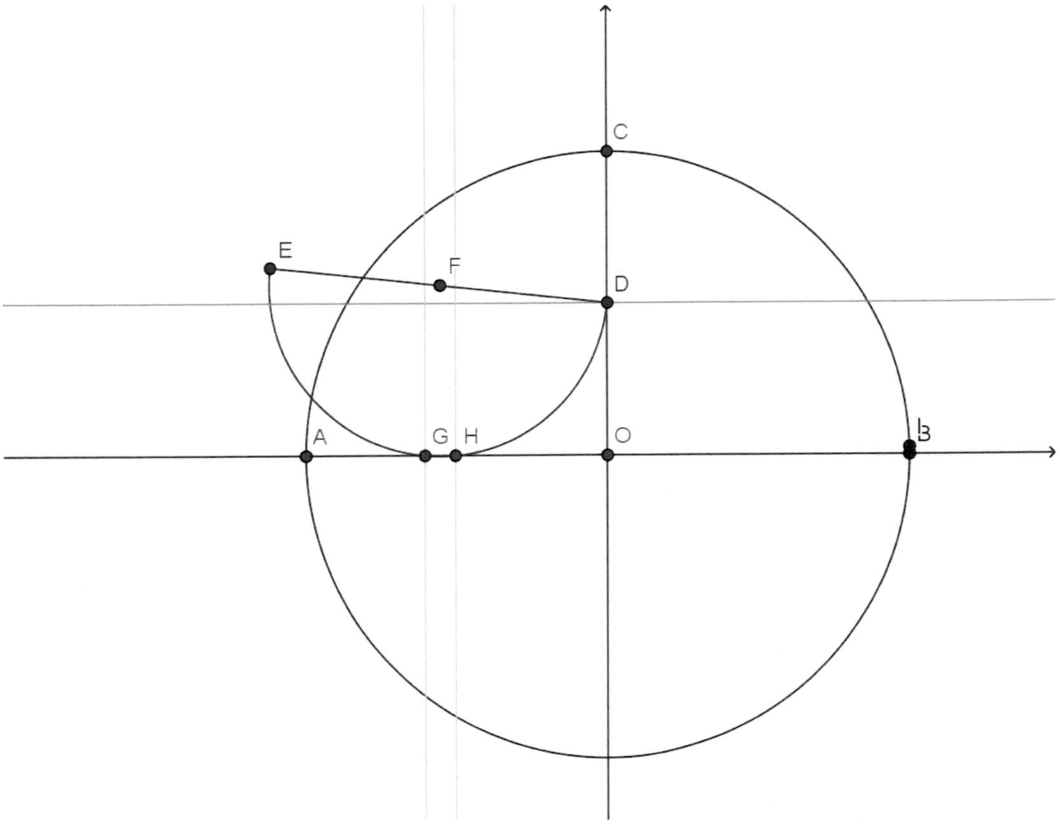

　　即使以解析幾何的觀點來理解等分圓理論，都還嫌複雜。因此，能夠將方程式類比成為圓與直線之間的關係，在尺規的作法上實為一大突破；發明此法的人，不僅很了解幾何，而且對代數也很敏銳，才得以結合二者作一番嶄新的詮釋，確實是很了不起的貢獻！筆者不過是讀懂前人的文章，再自訂理念加以變通，非常意外的發現這種新的作法，最終能夠直指答案。

後記

　　考量利弊得失，加上筆者的主觀認定：比較值得呈現的，著實屈指可數……

　　在級數方面，除了收斂速度，尚有遞增(A)、遞減(D)之別。這些不外乎堅持了均勻、無負項遞增和偏少位數等原則。

表 5-1　圓周率在級數方面的成果

$\dfrac{2\pi}{n}$	UNU_n	A
	$NUAT_n$	D
π	pfNT	
	$UNUUAT(20, 21)$	A
$\dfrac{\pi}{2}$	$NAS(20, 21)$	D
$\dfrac{\pi}{3}$	$pf(5, 8)$	D
$\dfrac{\pi}{4}$	$GU(-2, 16, 10, -7)$	D
$\dfrac{\pi}{6}$	$NU(12, 1)$	A

　　尤其在個案方面，都是深具研究代表性的一時之選；或者，他們即使事過境遷但對筆者而言依然能輕鬆的回憶起並且回味無窮的部分。

在數列方面，除了發展較好的 YFM，還有兼級數性質的 pfQ。

表 5-2 圓周率在數列方面的成果

	1	2	3	4	5	6	...
YFM	$\dfrac{22}{7}$	$\dfrac{355}{113}$	$\dfrac{1357944}{432247}$	$\dfrac{713598521}{227145464}$	$\dfrac{13469172065}{4287370627}$	$\dfrac{447008147874}{142287112673}$	
pfQ	$\dfrac{42}{13}$	$\dfrac{16}{5}$	$\dfrac{98}{31}$	$\dfrac{192}{61}$	$\dfrac{1330}{423}$	$\dfrac{415}{132}$	

此外，如果將注意力擺在「前後項的差為某整數的倒數」或「有理數中的分子分母是否為質數」方面，那麼或許是有潛力（如附錄，但不保證特徵持續）的！

附錄

1. 級數—空間中的對偶

球	內接	正 n 面體	4	6	8	12	20	對
	外切		4	8	6	20	12	偶

與球（半徑 r）相關的對偶(dual)

內接正六面體		外切正八面體	
邊長	t	邊長	u
外接球半徑	$\sqrt{3}t/2$	內切球半徑	$u/\sqrt{6}$
表面積	$6t^2$	表面積	$2\sqrt{3}u^2$
體積	t^3	體積	$\sqrt{2}u^3/3$

新邊長	$v = \dfrac{2r}{\sqrt{3}}$	新邊長	$w = \sqrt{6}r$
$6v^2 = 6\left(\dfrac{2r}{\sqrt{3}}\right)^2 = 8r^2$		$2\sqrt{3}w^2 = 2\sqrt{3}\left(\sqrt{6}r\right)^2 = 12\sqrt{3}r^2$	
$4\left(\dfrac{4N_4}{2}\right)r^2 = 4(4U_4)r^2 = 8r^2$		$4(3AS_3)r^2 = 4(3AT_3)r^2 = 12\sqrt{3}r^2$	
$v^3 = \left(\dfrac{2r}{\sqrt{3}}\right)^3 = \dfrac{8r^3}{3\sqrt{3}}$		$\dfrac{\sqrt{2}w^3}{3} = \dfrac{\sqrt{2}\left(\sqrt{6}r\right)^3}{3} = 4\sqrt{3}r^3$	
$\dfrac{4}{3}\left(\dfrac{4N_4}{2}\right)r^3 = \dfrac{4}{3}(4U_4)r^3 = \dfrac{8r^3}{3}$		$\dfrac{4}{3}(3AS_3)r^3 = \dfrac{4}{3}(3AT_3)r^3 = 4\sqrt{3}r^3$	
表面積相符，體積不相符		表面積、體積皆相符	

單位球(r = 1)，對偶不平均分比 a:b					
$\pi = \dfrac{\text{a}(4arc_4) + \text{b}(3ARC_3)}{\text{a} + \text{b}}$; $\therefore (\text{a} + \text{b})\pi = 4\text{a}arc_4 + 3\text{b}ARC_3$					

(a, b)		LV	a_0	CV_9	$c.d$	(g, f)
$(1, 3)$	$4U_4 + 9AS_3$	4π	$2 + 9\sqrt{3}$	0.05	$-1.198675\cdots$	
$(3, 1)$	$4NU_4 + AS_3$	$4\pi/3$	$2\sqrt{2} + \sqrt{3}$	0.1	$-1.403243\cdots$	

2. 數列—猜想(YGM)與有限(PPM)

k			$1/h$	$y_k(1/h)$	
				2	
				$\dfrac{19}{6}$	
0			-72	$\dfrac{173}{55}$	
1	$(3.145, 3.142)$	$(10, 1)$	2	$\dfrac{22}{7}$	$\dfrac{1}{385}$
2	$(3.142, 3.1416)$	$(15, 12)$	12	$\dfrac{355}{113}$	$\dfrac{1}{791}$
3	$(\cdots 5929, \cdots 59266)$	$(480, 37)$	37	$\dfrac{105058}{33441}$	$\dfrac{1}{3778833}$

$$y_k(h) = \frac{q_{k-1}2^{2k-3} - hq_{k-2}}{p_{k-1}2^{2k-3} - hp_{k-2}} = C$$

$$h = \frac{(Cp_{k-1} - q_{k-1})2^{2k-3}}{Cp_{k-2} - q_{k-2}}$$

	(C_1, C_2)	(h_1, h_2)	h	$y_k(h)$	$y_{k-1} - y_k$
4	$(\cdots 2655, \cdots 26536)$	$(25, 75)$	71	$\dfrac{3336651}{1062089}$	$\dfrac{1}{500243919}$
5	$(\cdots 6537, \cdots 65359)$	$(46, 253)$	224	$\dfrac{12611198}{4014269}$	$\dfrac{1}{8578492853}$
6	$(\cdots 6536, \cdots 35898)$	$(101, 241)$	224	$\dfrac{178422611}{56793681}$	$\dfrac{1}{65531794491}$
7	$(\cdots 5359, \cdots 97933)$	$(2051, 2386)$	2304	$\dfrac{187697158}{59745861}$	$\dfrac{1}{758593197117}$

8	$(\cdots 5898, \cdots 97933)$	$(281, 322)$	304	$\dfrac{30903638429}{9836933631}$	$\dfrac{1}{20746093027779}$
9	$(\cdots 9796, \cdots 23847)$	$(32225, 321180)$	?		
$\cdots$					

$$P_k(h) = \frac{10(hq_{k-1} + q_{k-2}) + L}{10(hp_{k-1} + p_{k-2}) + L} = C$$

$$h = \frac{10(q_{k-2} - Cp_{k-2}) + L(1 - C)}{10(Cp_{k-1} - q_{k-1})}$$

k	(C_1, C_2)	h	L	$P_k(h)$
0				4
1				$\dfrac{173}{55}$
2	$(\cdots 1416, \cdots 41593)$	1	5	$\dfrac{355}{113}$
3	$(\cdots 2654, \cdots 35898)$	56894	9	$\dfrac{201975439}{64290779}$
4	$(\cdots 5898, \cdots 93239)$	55000	9	$\dfrac{111086491453559}{35359928451139}$
5	$(\cdots 3239, \cdots 38463)$	1372	9	$\dfrac{5080355554920861293}{1617127396641178293}$
6	$(\cdots 8463, \cdots 26434)$	1009	9	$\dfrac{5126079860016404981969}{1631681896810843487769}$

k			0		1	2	3	4	5	6	7	8	9	10	$\cdots$		
YGM	2	19/6			0	3	2	2	1	1	3	3					
YFM		3	16/5	Drs	0	3	1	1	1	3	1	1	1	2			
			4			3	1	1	1	0							
PPM				質數	子	母	子	母子	母	子							

				位置									

$$\frac{22}{7} = 3 + \frac{1}{8} + \frac{1}{8^2} + \cdots + \frac{1}{8^n} + \cdots = \frac{16}{5} - \frac{12}{15^2} - \frac{12}{15^3} - \cdots - \frac{12}{15^n} - \cdots$$

$$\frac{22}{7} = 3 + \frac{3}{23}\left(1 + \frac{2}{23} + \left(\frac{2}{23}\right)^2 + \cdots \left(\frac{2}{23}\right)^k + \cdots\right)$$

$$= \frac{16}{5} - \frac{16}{305}\left(1 + \frac{5}{61} + \left(\frac{5}{61}\right)^2 + \cdots \left(\frac{5}{61}\right)^k + \cdots\right)$$

$$b = \frac{(a+b)(pf_0 - 2)}{2}; \therefore s = \frac{(r+s)(L-2)}{2} = 4F_k + F_{k+1}(4h+1); \therefore r$$

$$= 3F_k + F_{k+1}(3h+1)$$

跋

　　創作過程中的心路歷程—於中後期的撰寫，終於搞定正 257 邊形的理論步驟（必要的 112 步，恰為 28 的四倍；一首七言詩四部曲應運而生）。

　　創作完結後的驚艷巧合——詩〈衫典〉的核心，在於倒數第二句，也就是小數點後剛好滿一百位，之後的開頭「博愛（數字 82 的諧音）」；其羅馬拼音的縮寫正好是 pi。二者的乘積竟是 257.610……

林士傑 108.10.16 於桃園大園

筆記欄

筆記欄

筆記欄

筆記欄

筆記欄

筆記欄

筆記欄

筆記欄

國家圖書館出版品預行編目資料

圓周率中的級數與數列之均衡與最佳／林士傑
著. --初版.--臺中市：白象文化，2020. 2
　　面；　公分. ──
　ISBN 978-986-358-938-9（平裝）
　1. 圓周率
　316　　　　　　　　　　　　108021137

圓周率中的級數與數列之均衡與最佳

作　　　者　林士傑
校　　　對　林士傑
專案主編　林孟侃
出版編印　吳適意、林榮威、林孟侃、陳逸儒、黃麗穎
設計創意　張禮南、何佳諠
經銷推廣　李莉吟、莊博亞、劉育姍、李如玉
經紀企劃　張輝潭、洪怡欣、徐錦淳、黃姿虹
營運管理　林金郎、曾千熏
發 行 人　張輝潭
出版發行　白象文化事業有限公司
　　　　　412台中市大里區科技路1號8樓之2（台中軟體園區）
　　　　　出版專線：（04）2496-5995　　傳真：（04）2496-9901
　　　　　401台中市東區和平街228巷44號（經銷部）
　　　　　購書專線：（04）2220-8589　　傳真：（04）2220-8505
印　　　刷　普羅文化股份有限公司
初版一刷　2020 年 2 月
定　　　價　320 元